柔性直流电网工程技术丛书

柔性直流电网调试技术

柔性直流电网工程技术丛书编委会　组编

中国电力出版社
CHINA ELECTRIC POWER PRESS

内 容 提 要

本书介绍了柔性直流电网调试技术，并以张北柔性直流电网试验示范工程（简称张北柔直工程）为实例详细介绍了单体设备调试、分系统调试、站系统调试、端对端系统调试、四端系统调试的项目以及调试方法、试验步骤等，并分析了张北柔直工程调试过程中典型的问题。

本书共分为 7 章，包括柔性直流电网调试技术概述、单体设备调试、现场分系统调试、站系统调试、端对端系统调试、四端系统调试、调试问题分析。

本书可供从事柔性直流输电工程调试、运维、检修等相关工作的专业技术人员使用，也可作为高等院校和设备厂商的参考书。

图书在版编目（CIP）数据

柔性直流电网调试技术/柔性直流电网工程技术丛书编委会组编 . —北京：中国电力出版社，2024.1

（柔性直流电网工程技术丛书）

ISBN 978 - 7 - 5198 - 7923 - 5

Ⅰ.①柔… Ⅱ.①柔… Ⅲ.①直流输电－电网－调试方法 Ⅳ.①TM721.1

中国国家版本馆 CIP 数据核字（2023）第 112169 号

出版发行：中国电力出版社
地　　址：北京市东城区北京站西街 19 号（邮政编码 100005）
网　　址：http://www.cepp.sgcc.com.cn
责任编辑：乔　莉（010 - 63412535）
责任校对：黄　蓓　王海南
装帧设计：赵姗姗
责任印制：吴　迪

印　　刷：固安县铭成印刷有限公司
版　　次：2024 年 1 月第一版
印　　次：2024 年 1 月北京第一次印刷
开　　本：710 毫米×1000 毫米　16 开本
印　　张：14.75
字　　数：278 千字
定　　价：88.00 元

《柔性直流电网调试技术》委员会

专业名词中英文对照

DLP	DC line protection	直流线路保护
DBP	DC bus protection	直流母线保护
HVDC	high voltage direct current	高压直流输电
IGBT	insulated gate bipolar transistor	绝缘栅双极型晶体管
VSC	voltage source converter	电压源换流器
MMC	modular multilevel converter	模块化多电平换流器
IGCT	integrated gate - commutated thyristor	集成门极换流晶闸管
STATCOM	static synchronous compensator	静止无功补偿器
SPWM	sinusoidal pulse width modulation	正弦脉宽调制
OLT	open line test	空载加压
IEGT	injection enhanced gate transistor	注入增强栅晶体管
MBS	metal bus switch	金属回线高速转换开关
NBS	neutral bus switch	中性线高速转换开关
MOV	metal oxide varistor	金属氧化物压敏电阻
NBGS	neutral bus ground switch	中性母线高速接地开关
SCC	station communication control	站间协调控制
GPS	global positioning system	全球定位系统
OCT	optical current transformer	电流互感器
VBC	valve base control	阀基控制装置
DCBC	DC breaker control	直流断路器控制装置
L2F	Line 2 of 3 Logic	线路保护三取二
B2F	Bus 2 of 3 Logic	母线保护三取二
T2F	Line 2 of 3 Logic	变压器保护三取二
P2F	Pole 2 of 3 Logic	极保护三取二
DCC	DC control	直流站控
PPR	pole protection	极保护
MDU	machine driver unit	机械开关驱动单元
RFE	ready for energization	换流器充电准备就绪
RFO	ready for operation	换流器解锁准备就绪
OWS	operator work station	运行人员工作站
ACC	AC control	交流测控
PCP	pole control	极控

前　言

柔性直流输电是以全控型电力电子器件绝缘栅双极型晶体管（insulated gate bipolar transistor，IGBT）为换流器件，以电压源换流器（voltage source converter，VSC）为基础的新一代直流输电技术。基于模块化多电平换流器（modular multilevel converter，MMC）的柔性直流输电技术相比于两电平和三电平换流器技术，其器件损耗成倍下降，调制波形质量高，具有明显的优势。2010年11月，世界上第一个基于 MMC 的柔性直流输电工程在美国旧金山投入运行，之后基于 MMC 的柔性直流输电技术成为了柔性直流输电发展的主流，MMC 的柔性直流输电技术具有控制灵活、谐波含量低、无须无功补偿等特点，在国内也得到了广泛的应用。

国内先后投运的柔性直流输电工程包括南澳三端柔性直流工程、舟山五端柔性直流工程、厦门真双极柔性直流工程、渝鄂背靠背柔性直流工程、张北柔性直流工程等，可以看出柔性直流输电技术在朝着高电压等级、大容量、多端、组网的方向发展，相应的技术更加复杂，对设备的可靠性要求更高。张北柔性直流电网试验示范工程与国内外以往工程相比，具有以下特点：①首次四端组成直流电网；②采用500kV 高压直流断路器和架空线路；③孤岛接入新能源风力发电；④使用交流耗能装置等。柔性直流电网因运行方式复杂、设备技术难度高，因此现场调试项目更多，需对设备、系统进行充分的考核。

本书以张北柔性直流电网试验示范工程调试过程为基础，参考现行的直流输电技术相关标准，对柔性直流电网调试的五个阶段（单体设备调试、现场分系统调试、站系统调试、端对端系统调试、四端系统调试）进行详细而深入的探讨。首先对柔性直流输电、柔性直流电网的构成及柔性直流电网调试技术进行了简要概述，以此为基础详细阐述了现场单体调试和分系统调试的内容和方法，然后对站系统调试、端对端系统调试、四端系统调试的试验内容和试验方法进行全面阐述，给出了实际工程调试的试验波形、具体试验结果和分析。最后，对调试阶段出现的典型故障案例进行了详细分析。希望本书总结的柔性直流电网调试经验和试验结果能对我国后续的柔性直流输电工程顺利投运提供有益借鉴和参考。

本书由国网冀北电力有限公司组织编写，是所有参与张北柔性直流电网试验示范工程调试人员共同努力的结晶。

限于作者水平和时间仓促，书中难免存在疏漏和不足之处，恳请广大读者批评指正。

编者

2023 年 4 月

目　录

第 1 章

柔性直流电网调试技术概述

1.1 柔性直流输电简介

1.1.1 直流输电与交流输电

直流输电技术是以直流电方式实现电能输送的技术。人类对电能的研究与应用就是由直流电开始的。早在 1882 年，德国科学家通过直流电的形式完成了直流输电试验，开创了直流输电的先河，但受电压等级的限制只能完成短距离输电。1889 年三相交流发电机的诞生带动了感应电动机和变压器技术的发展，交流电的发电、变压、输送、分配和使用都更加便捷，交流输电技术开始迅猛发展，最终三相交流电成为了电力系统的主角并发展到今天。

交流输电技术具有变压简单、成本低、运维方便等优点，国内外都采用交流输电系统构成电网的基本网架。但随着送电距离和输送容量的日益增大、对电能质量和电网安全稳定要求的提高，交流输电方式不能全面满足要求，其弊病也更加凸显，如远距离电缆输电、异步电网互联等。几次大规模交流电网停电也使得人们开始重新审视交流输电技术的可靠性，直流输电开始重新回归人们的视野。直流输电依托于交流电网，应用于高电压、大功率、远距离输电领域的"交直交"电网构架逐渐受到重视并在近几十年中快速发展。

由于现在发电环节和用电环节的绝大部分电能都使用的是交流电，因此要采用直流输电，必须且首要解决的是换流问题。早在 20 世纪 30、40 年代，就诞生了以气吹电弧整流器、闸流管和引燃管作为换流器的一些试验工程，但这些试验性技术并未实现在工程中应用。直到高电压大容量可控汞弧阀的研制成功，正式为高压直流输电（high voltage direct current，HVDC）技术奠定了基础。1954 年，世界上第一个直流输电工程——瑞典本土至哥特兰岛的哥特兰岛工程（额定电压 100kV，输送容量 20MW，海底直流电缆输电）投入商业运行，标志着第一代直流输电技术的诞生。20 世纪 70 年代初，随着晶闸管技术的发展，晶闸管开始被应用于直流输电系统，标志着第二代直流输电技术的诞生，晶闸管技术的成熟使得汞弧阀技术迅速退出了历史舞台。晶闸管换流阀所用的换流器拓扑仍然是 6 脉动 Graetz 桥，其换流理论与第一代直流技术相同，目前仍在直流输电技术中占据主导地位，在柔性直流输电技术出现后，也被称为传统直流输电技术。

传统直流输电对比交流输电主要优势如下：

（1）输送容量大。由于直流系统不存在交流系统稳定极限问题，直流线路不输送无功功率，只要送受端电网可以承受，直流输电没有容量限制。

（2）输电距离长。由于直流线路没有电容效应，随着线路距离增加，沿线电压分布均匀，不需要增加电抗补偿装置防止电压升高。

（3）线路占用通道走廊小，输电损耗低。直流输电线路只需正负两极导线，输送同样功率相比交流线路走廊、损耗和造价有明显节省。

（4）运行方式灵活。直流系统输送的无功功率和有功功率可以由控制系统快速控制，从而快速改变交流系统的运行性能、阻尼交流系统的低频振荡，提高交流系统电压和频率的稳定性。

（5）故障时功率损失小。直流输电工程单极发生故障时另一个极能继续运行，可充分发挥其过负荷能力，故障时可减少输送功率损失。

（6）互联系统可异步运行。直流输电系统与两端交流系统仅存在功率联系，频率和相角可不相同，所以可异步运行，迅速进行功率支援。

1.1.2 柔性直流输电与传统直流输电

传统直流输电系统基于电流源换流技术，主要应用于大容量远距离电能外送，与交流输电系统相比具有无法替代的优势，在海底电缆输电和交流电网互联等领域也得到了广泛的应用。目前技术已经十分成熟，我国±800kV 特高压直流输电工程已经矗立在世界直流输电技术的制高点上。同时，我国又是直流输电技术和项目应用最多的国家，±500kV 直流和±800kV 直流输电工程的应用，很好地解决了西电东送、北电南送的能源输送格局，满足了我国经济社会发展需要。

目前广泛采用的电流源型高压直流输电技术，由于晶闸管阀关断不可控，仍存在以下固有缺陷：

（1）只能工作在有源逆变状态，且受端系统必须有足够大的短路容量，否则容易发生换相失败。

（2）换流器运行时要产生大量低次谐波。

（3）换流器需吸收大量无功功率，需要大量的滤波和无功补偿装置。

（4）换流站占地面积大、投资大。

随着电子器件和控制技术的发展，采用 IGBT、集成门极换流晶闸管（integrated gate‐commutated thyristor，IGCT）等元件构成电压源型换流站即柔性直流换流站进行直流输电成为可能。这种技术相当于在电网接入了一个阀门和电源，可以有效控制其通过的电能，隔离电网故障的扩散，还能根据电网需求，快速、灵活、可调地发出或者吸收一部分能量，从而优化电网潮流分布、增强电网稳定性、提升电网的智能化和可控性。它很适合应用于可再生能源并网、分布式发电并网、孤岛供电、城市电网供电、异步交流电网互联等领域。因此，根据国家中长期科技发展规划和"十一五"发展规划纲要，发展直流输电技术，建设新一代直流输电联网工程，促进大规模风力电场并网，满足持续快速增长的能源需求和能源的清洁高效利用，增强自主创新能力，符合我国经济发展规律、电力工业发展规律、市场需求和电网技术发展方向。目前，世界各国充分认识到柔性直流输电在可再生能源和智能电网建设中的重要作用，工程应用开始呈现快速增长趋势。

柔性直流输电具有以下优势：

（1）控制方式更加灵活，可以独立地控制有功功率和无功功率。柔性直流输电灵活的潮流控制能力使其在无功功率方面能够作为静止同步补偿器（static synchronous compensator，STATCOM）使用，可以动态补偿交流系统无功功率，提高交流电压稳定性。当交流系统出现故障时，柔性直流输电系统在输送容量范围内既可向故障系统提供有功功率紧急支援，又可提供无功功率紧急支援，从而提高系统功角和电压稳定性。

（2）柔性直流输电不存在换相失败的问题。传统直流输电换流器需要在交流电流的作用下完成换相，在受端交流系统故障时容易发生换相失败，导致输送功率中断。而柔性直流输电换流器采用可自关断的全控型器件，可以根据门极的驱动信号实现器件的开通或关断，而无须换相电流的参与，因此不存在换相失败的问题。

（3）柔性直流输电可以更加方便地进行潮流反转。柔性直流输电只需要改变直流电流的方向即可快速地进行潮流反转，不需要改变直流电压的极性；常规直流输电系统的电流输送方向不能改变，反送功率时只能反转电压极性，响应时间较长。这一特征使得柔性直流输电的控制系统配置和电路拓扑结构均可保持不变，有利于构成既能方便地控制潮流又有较高可靠性的并联多端直流系统。

（4）柔性直流输电在事故后可快速恢复供电和黑启动。当电网发生故障，受端从有源网络变为无源网络，柔性直流输电换流站可以工作在无源逆变方式，使电网在短时间内实现黑启动，快速恢复控制能力。2003 年美国东北部"8.14"大停电时，美国长岛的柔性直流输电工程很好地验证了柔性直流输电系统的电网恢复能力。

（5）由于换流器交流侧输出电流具有可控性，因此柔性直流输电不会增加交流系统的短路容量。这意味着增加新的柔性直流输电线路后，原有交流系统的保护装置无须重新整定，并且能有效解决大规模交流系统因短路容量过大而

3

无法选择断路器的难题。

（6）柔性直流输电系统交直流侧输出电压谐波含量较低。柔性直流输电采用正弦脉宽调制（sinusoidal pulse width modulation，SPWM）等调制策略来控制开关器件的开断过程，其输出谐波大多集中在开关频率附近。由于开关频率较高，只需在交流母线上安装一组高通滤波器即可满足谐波要求。在新型模块化多电平换流器中，输出电平数通常达几十到几百，使得交流输出电压的谐波含量非常低，通常不需要额外加装滤波器。

（7）柔性直流输电控制保护系统可以不依赖站间通信工作。换流器可根据交流系统的需要实现自动调节，两侧换流站之间不需要通信联络，从而减少通信的投资及其维护费用，易于构成多端直流系统。

（8）换流站的占地面积更小。同等容量下的柔性直流输电换流站的占地面积显著小于传统高压直流输电换流站。由于高频或等效高频工作模式下换流器的转换过程十分有效，对辅助设备如滤波器、开关、变压器等的需求降低，无论采用两电平、三电平，还是模块化多电平拓扑结构，可以不安装交流滤波器，或者仅需装设容量很小的交流滤波器，使得柔性直流输电换流站占地面积大幅减少。

（9）模块化设计，便于安装、生产与检修。现阶段的柔性直流输电工程中的核心器件——柔性直流换流阀均采用模块化设计，这使得柔性直流输电的设计、生产、安装和调试周期缩短。换流站的主要设备能够先期在工厂中组装完毕，并预先完成各种测试。调试好的模块可方便地利用卡车直接运至安装现场，从而大大缩短了现场安装调试时间，减轻了安装劳动强度，而且布局更加灵活紧凑，并且在故障后便于更换，也便于后续的升级与改进。

1.1.3　柔性直流电网

直流电网是各直流端通过直流线路互联并组成具有网孔特征的电网。考虑到交流电源和交流负荷的普遍性，即发电、用电一般均为交流设备，直流电网往往嵌套在交流电网中，此时，直流电网通常表现为由实现交直流变换的换流站和具有网孔特征的直流线路组成的直流输电系统，柔性直流电网则是采用电压源型换流器件实现直流电网的交直流变换。

传统直流输电电流只能单向流动，潮流反转时电压极性反转而电流方向不动，因此在构成并联型多端直流系统时，单端潮流难以反转，控制很不灵活。现阶段难以通过传统直流输电技术构建直流电网。柔性直流输电中的电流可以双向流动，直流电压极性不能改变，因此构成并联多端直流系统时，在保持多端直流系统电压恒定的前提下，可以通过改变单端电流方向，改变单端潮流在正、反两个方向的调节，这使得构建直流电网成为了可能。

直流电网构建面临的难题主要有三个：①第一个是直流侧故障的快速检测和隔离技术；②第二个是直流电压的变压技术；③第三个是直流线路的潮流控

制技术。以上三个问题都在张北柔性直流电网试验示范工程中得到了解决，在这三个问题之中，最为困难也最为关键的就是直流侧故障的快速检测和隔离技术。

直流侧故障的快速检测和隔离技术。在发生直流线路故障时，基于半桥子模块 MMC 的柔性直流输电系统无法采用闭锁换流器的方法来限制短路电流。故障发生后，直流电网故障与交流电网故障后的过程不同，直流电网一般可以分为两个阶段，分别是换流器和直流线路中的电容放电阶段和交流系统经换流器向短路点馈入电流的阶段。同时，直流稳态短路电流大，其稳态短路电流可以超出额定电流 10 倍以上。最后，故障过程中短路电流没有极性变化，不存在过零点，断路器灭弧困难。

对于这个难题，张北柔直工程中应用的高压直流断路器成功实现了快速分断故障电流和重合闸的功能，完成了直流故障的隔离，高压直流断路器的应用既是直流电网的重要特点，也是直流电网构建的基础。

1.2　柔性直流电网的主要构成

1.2.1　柔性直流控制保护系统

柔性直流控制保护系统采用了三层结构作为直流控制系统的设计结构，分别为站间协调控制层、双极控制层和极控制层，站间协调控制层可以对四站进行总的协调，减少系统运行过程中投退换流阀的扰动，降低站间通信的负载率，当站间通信失去时，通过设置在极控制层的不依赖于通信的协调控制策略实现换流站的运行。双极控制层和极控制层，可以实现对有功和无功两类物理量的独立控制，目前主流采用的控制方式为双闭环结构的矢量控制。控制系统主要由内环电流控制器和外环功率控制器构成，外环功率控制器可以根据换流站的控制需求进行工作，生成内环电流参考值。因此柔性直流输电系统的基本控制方式由外环功率控制器决定。外环功率控制器控制的物理量主要有交流侧有功功率、直流侧电压、交流系统频率、交流侧无功功率、交流侧电压等。其中交流有功功率、直流侧电压、交流系统频率为有功功率类物理量，交流侧无功功率、交流侧电压为无功功率类物理量。有功功率类控制和无功功率类控制相互独立，每一个柔性直流换流站都需要选择一个有功功率类物理量和一个无功功率类物理量进行控制。对应不同换流站的控制模式，相应的其他控制策略也有所不同，因此柔性直流电网中的换流站还设计了不同的运行方式，分为联网运行方式、空载加压（open line test，OLT）运行方式、孤岛运行方式。

控制系统作为柔性直流输电系统的中心环节，在整个系统运行中起到了至关重要的作用。柔性直流电网的控制系统应使直流电网满足以下的要求：

（1）功率传输灵活可控。直流电网应充分发挥柔性直流输电技术的优势，灵活地控制潮流分布，同时在一侧交流系统出现次同步振荡、低频振荡等扰动时，直流电网迅速地给某一换流站支援功率，使交流电网恢复稳定运行。

（2）各换流站能满足直连新能源发电和负荷孤岛供电的要求。柔性直流输电具有有功、无功独立控制能力，可以提供附加无功电压支撑，能够有效抑制可再生能源接入带来的交流电压波动问题；可以有效提升风机和光伏发电等电源的故障穿越能力，提升可再生能源并网的安全性。直流电网需充分发挥柔性直流输电的技术优势，满足直连新能源发电和负荷孤岛供电的要求。

（3）单换流器或单回线路投退不影响其余电网的正常运行。直流电网有多个换流站和多回线路，单个换流站或单回线路的操作，不影响其他剩余换流器的运行。直流电网的控制系统具备完整的控制策略，可完成单站启动、控制电压、在线并网等在线投入功能。同时，在单个换流站检修、更换设备、改造升级时，控制系统仍然具备完整的功能，实现换流站的在线退出功能。

（4）单一设备/元件故障不影响整个电网的运行。单极任一设备/元件发生永久故障后，仅切除对应的故障设备/元件。其他输电通道可以保持任一个换流站的正常功率输送，避免单一故障造成的切机切负荷。在单一元件发生故障和故障切除阶段，整个直流电网不得由于过电压或过电流等问题造成其他换流站的停运，使故障扩大化。

1.2.2 柔性直流换流阀

基于大功率电力电子开关的换流阀是换流站的核心设备之一，也称作换流器。现有的换流阀所用大功率电力电子开关主要有绝缘栅双极晶闸管 IGBT、集成门极换相晶闸管 IGCT 和注入增强栅晶体管（injection enhanced gate transistor，IEGT）。

换流阀塔主要包括阀功率模块、阀段组件、支撑及斜拉绝缘子、导电母排、屏蔽均压结构、阀配水管路、光缆/光纤等。导电母排、阀配水管路和光缆/光纤分别实现与电气回路、换流阀冷却系统和换流阀控制保护系统的连接，换流阀桥臂由子模块级联而成，换流阀子模块一次侧安装 IGBT 单元紧机构，二次侧安装控制盒组件，控制盒组件可整体安装、拆卸，控制板卡和电源板卡位于控制盒内，通过导轨、限位块和端子可实现分别单独插拔。

换流阀应满足以下要求：

（1）根据阀控装置下发的触发及控制命令，触发导通子模块相应的 IGBT、晶闸管元件实现功率变化；

（2）监视子模块的实时状态，通过光纤与上级阀控装置进行通信；

（3）功率模块具备多重保护，有效地保证器件和内部元件安全；

（4）IGBT 换流阀能在预定的系统条件和环境条件下安全可靠地运行，并满足损耗小、安装及维护方便的要求；

（5）集成模块化设计，结构紧凑。

1.2.3　高压直流断路器

高压直流断路器是能够关合、承载和分断高压直流输电系统中的运行电流，并能在规定的时间内关合、承载和分断直流系统故障电流的设备。高压直流断路器应满足以下要求：

（1）直流断路器必须能够在规定的时间内快速清除故障；

（2）能够迅速消耗直流线路中存储的能量，避免能量冲击其他设备，尽量降低电压；

（3）能够切断较高的直流电压或电流，同时在切断直流电流时，能够承受较高的过电压和过电流；

（4）具备快速重合闸能力，快速重合闸能力是电网运行的基础之一。

现有的主流技术路线有混合式、机械式、负压耦合式三种，已经投入使用的较成熟的±500kV高压直流断路器中三种技术路线均有应用。以下以投入使用的三种典型技术路线直流断路器为例进行简单介绍。

（1）混合式直流断路器。混合式直流断路器由主支路、转移支路和耗能支路组成主设备，并配有供能系统、水冷系统、断路器控制保护系统等辅助设备。

1）主支路包括主支路电力电子开关、主支路快速机械开关。需要长期承受系统额定电流。其中快速机械开关需要毫秒级的时间内达到绝缘开距，承受设备的关断过电压。

2）转移支路由多个转移支路电力电子开关子单元串联形成，每个子单元基于二极管整流型的拓扑结构，需要承受系统的故障电流和关断过电压。

3）耗能支路由多级避雷器（非线性电阻）构成，能够抑制转移支路关断过电压，并清除系统故障电流。

（2）机械式直流断路器。本书中所介绍的机械式直流断路器准确命名应为新型机械式直流断路器，属于在机械式直流断路器基础上的改进型。机械式直流断路器由主支路、缓冲支路、转移支路、耗能支路组成主设备，并配有供能系统、断路器控制保护系统等辅助设备。

1）主支路由若干快速机械开关串联组成，用于导通与开断直流系统电流，其中一个作为冗余。

2）缓冲支路，用来限制快速机械开关开断后的断口恢复电压上升率。其主要由缓冲电容、缓冲电容并联电阻及缓冲电容串联电阻组成。

3）转移支路由多级转移支路子单元模块串联组成，用于产生高频振荡电流，并通过换流将电容串入故障回路，建立瞬态开断电压。转移支路由储能电容、振荡电感、充电电容、储能电容放电电阻、充电电容限流电阻、放电避雷

7

器、IGCT 模块组成。

4）耗能支路由多个避雷器组串联构成，每组避雷器由多柱并联组成，其用于抑制开断过电压和吸收线路及平波电抗器储存的能量，同时具备多断口均压作用。

（3）负压耦合式直流断路器。负压耦合式直流断路器是一种基于电流转移方案的新型直流断路器，由主支路、转移支路、耗能支路组成主设备，配有供能系统、断路器控制保护系统等辅助设备。

1）主通流支路仅由多个快速机械开关串联而成，快速机械开关采用真空灭弧室、电磁斥力机构、电磁缓冲机构和双稳态弹簧保持机构，实现毫秒级快速分断并恢复足够的绝缘强度。

2）转移支路主要由电力电子开关和负压耦合装置串联组成。其中，电力电子开关由二极管桥式整流子模块串联构成，能够实现毫秒级导通短路电流并关断耐压；负压耦合装置为可控电压源，在直流断路器开断时，可以产生瞬时反向电压，毫秒内强迫电流从主支路换流至转移支路，同时保证不同转移电流的一致性和可靠性。

3）耗能支路由多个避雷器组成，其电压等级和吸收能量由系统参数决定。

对于三种技术路线的直流断路器，除每种技术路线的特殊调试项目外，大部分调试项目为共同的。

1.2.4　耗能装置

交流耗能装置布置在直流电网的交流侧，主要用于消耗交流电网侧输送到直流电网的盈余功率。耗能装置是由晶闸管阀部分和耗能电阻部分组成的。耗能装置为三相结构，每相由一组晶闸管阀和耗能电阻串联组成。每相耗能晶闸管阀由多级晶闸管级组成，耗能电阻由大功率电阻串联组成。柔性直流电网在孤岛运行方式下发生故障时，耗能装置吸收系统的盈余功率维持交流系统和直流系统功率平衡。

66kV 交流耗能装置的布置方案如下：

（1）布置原则。

1）交流耗能支路采用三角连接布置；

2）取消分支回路汇流管母，采用新型三角连接布置方式；

3）组间采用隔墙或围栏实现组间不同时停电检修。

（2）布置方案。交流耗能装置主要由晶闸管阀、耗能电阻和穿墙套管组成。

1.3　张北柔性直流电网

张北柔性直流电网试验示范工程（简称张北柔直工程），额定电压为±500kV，新建四座换流站，包括受端换流站 A（简称 A 换流站）、送端换流站 B（简称 B 换流站)、送端换流站 C（简称 C 换流站）、调节换流站 D（简称 D 换流站）。送端换流站接入新能源，调节换流站可以灵活调节上网功率，从而克服新能源上网功率的间歇性，保证受端换流站的下网功率稳定。四站之间通过架空线路连接，构成一个环形的直流电网，成为世界首个真正具有网络特性的直流电网工程。该工程于 2017 年 12 月获得核准，2018 年 2 月开工建设，2020 年 6 月底投运。

张北柔直工程的核心技术和关键设备，比如额定容量 150 万 kW 的换流阀、±500kV 电压等级的直流断路器均为国际首创，创造了 12 项世界第一，创新引领和示范意义重大。另外，该工程所有输送电能全部为风电和光伏清洁能源。

张北柔直工程四端换流站采用"手拉手"环形接线方式，系统运行分为 3 个层次，分别为正极运行层、负极运行层和金属回线运行层。正负极均可以独立运行，相当于 2 个独立环网，在一极故障时另外一极可以对功率进行转带，提高了系统供电可靠性。由于 500kV、3000A 及以上直流电缆正在研发试用，成本过高，而且未来直流电网将应用于远距离、大容量新能源送出，采用高压、大通流能力的直流电缆技术经济性较差，因此张北柔直工程直流线路采用架空输电线路，拓扑结构如图 1-1 所示。

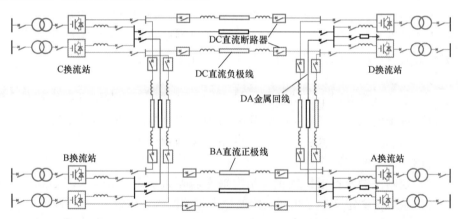

图 1-1　张北柔性直流电网拓扑结构图

本文主要以张北柔直工程为例介绍柔性直流电网的调试技术。

1.4　柔性直流电网调试技术

1.4.1　柔性直流电网调试技术特点

与交流智能变电站、传统直流换流站和多端柔性直流系统相比，柔性直流电网的调试具有以下特点和难点：

（1）从调试的设备来看，柔性直流电网调试涉及设备众多，包括直流控制保护系统、换流阀及阀控系统、阀冷及阀冷控制系统、直流断路器及直流断路器控保系统、断路器冷却及控制系统、直流高速测量装置、直流快速转换开关等。其中同一设备可能涉及不同厂家，调试方案需根据不同厂家的不同技术方案单独定制并实施。

（2）以调试阶段划分，调试任务量大且复杂，各设备需要通过单体调试后进行分系统调试，接下来由单站进行站启动调试，端对端调试，最后才能进行四端电网调试。每个阶段涉及调试项目多，各个阶段间具有关联性。

（3）直流电网的创新性，柔性直流电网中首次采用了直流断路器等多台首台首套设备，这些设备的调试没有经验可循。

（4）直流控制保护系统在柔性直流电网中起到核心作用，但直流控制保护系统的复杂庞大程度空前，其调试周期极长，贯穿整个调试工作始终。如何全面、安全地校验其可靠性、速动性、正确性是调试工作的重点与最大难点。

（5）柔性直流电网中保护设置独特，采用的保护原理与现有交流智能站、传统直流站有很大不同，保护配合上也有许多独创的部分，给保护的校验带来很大难度。

（6）柔性直流电网正常运行时极控系统、换流阀阀控系统和直流保护装置都需要依托直流高速测量装置，对于直流高速测量装置的采样精度和采样频率有极高的要求，对控制保护设备暂时未实现标准化管理，缺少相应的检验规程等参考。

（7）柔性直流电网中直流控制保护系统的调试从厂内调试开始、到联合调试、再到现场调试、最终电网调试需要不断修改程序，软件难以管理。

（8）调试工作对厂家依赖较大，专用工装和调试工具多为厂家私有，暂时没有通用、成套的调试工具。

（9）控制保护设备报文较多，站内报文以万为单位计数，大多达到六万以上，各厂家对报文定义不尽相同，给调试人员的调试工作带来一定困难。

（10）柔性直流换流站内二次设备基本采用光纤通信，换流阀、直流断路器、直流高速测量装置中配备光纤数量巨大，光纤核对和光路调试工作量巨大。

1.4.2 相关调试技术

针对柔性直流电网控制保护系统特点，涉及的调试内容和技术主要包括：

（1）柔性直流输电仿真技术。对于任意一个电力系统的开发与设计，一种电力技术的探索与研究，都离不开仿真技术。通过仿真的手段可对其可靠性和安全性进行评估，对于柔性直流电网，复杂的控制系统与保护策略都需要仿真，再结合柔性直流电网中电力电子器件的开关动作特性来仿真校核所有一次设备的应力。

（2）直流高速测量装置测试技术。柔性直流电网中，大量采用了直流高速测量装置，包括直流分压器、电子式电流互感器、纯光式电流互感器，这些测量装置同常规的互感器有很大的区别，具有无二次负载、通信数字化、光纤传输、采样率高、装置集成化等特点。直流电子式互感器校验装置由调压器、升流器/试验变压器、标准电流/电压互感器、电子式互感器校验仪、二次转换器及相关配套设备组成。测试内容包括幅值误差、角度误差等准确度测试，延时及极性测试等。

（3）主要设备单体调试技术。单体调试主要针对单体设备进行功能测试、采样及开入开出的正确性测试，包括对控制保护系统的调试，即直流控制系统调试、直流保护系统调试、直流接口装置调试、交流测控装置调试、交流保护调试，以及其他主要设备的调试（包括换流阀及阀控系统调试、直流断路器及断路器控制系统调试、耗能装置调试、阀冷系统调试、断路器冷却系统调试等）。

（4）分系统调试技术。分系统调试主要是在设备单体调试完成的基础上，对装置与装置之间的通信对点及功能互通的测试。分系统调试涉及不同厂家间的接口与功能，暂未实现标准化管理，现有的分系统调试技术基本基于厂家的设计和现场实际进行。

（5）四端电网系统调试技术。四端电网系统调试主要是在进行站系统调试和端对端调试后，对柔性直流电网的网络特性进行现场考核，主要包括柔性直流电网中各换流站的启停配合试验，上层控制协控系统通信中断试验，柔性直流电网不同基础运行方式发生不同故障后的优化试验及直流电网中直流断路器和金属回线转换开关（metal bus switch，MBS）的专项验证试验等，通过四端电网调试，可以对稳态或故障状态下的整个四端柔性直流电网的配合进行现场试验，保证直流电网的稳定运行。

第 2 章

单体设备调试

2.1 直流一次设备调试

本章介绍的直流场一次设备包含隔离开关、接地开关、直流转换开关、直流母线快速开关等。

直流隔离开关是垂直伸缩式高压电气设备，是柔性直流电网中重要的设备，用于在无载流条件下进行线路切换，对被检修的高压母线、换流阀、平波电抗器、旁路断路器等设备进行电气隔离，给被检修设备和检修人员提供一个符合要求的安全可见的绝缘距离。高压直流接地开关是垂直伸缩式高压电气设备，是柔性直流电网中重要的设备，供高压线路在高压母线、断路器等高压电气设备检修时安全接地。

直流转换开关是柔性直流电网中重要设备，主要用于进行直流电网各种运行方式的转换，其中包括金属回线转换开关、大地回线转换开关、中性母线开关、中性母线接地开关。直流转换开关由开断装置、电容器、避雷器及绝缘平台组成。工作原理：无源型直流转换开关，产生振荡电流的方式为自激振荡，利用交流断路器气吹电弧的不稳定性和负阻特性，产生幅值逐渐增大的自激振荡电流，叠加至待开断的直流上，产生人工电流过零点，完成电流转移。

直流母线快速开关主要用于阀厅内部换流阀塔和极线断路器之间，需要频繁切断极线续流电流。每台直流母线快速开关由一个单极组成，为单柱双断口结构，包括灭弧室装配、支柱装配、液压弹簧操动机构和支架，外形呈"T"形布置。灭弧室上法兰处安装有均压环。每极配用一台液压弹簧操动机构，单极操作。

2.1.1 直流隔离开关设备调试

直流场一次电气连接图见本书附录，以直流场隔离开关 0511D-1 为例介绍隔离开关的调试项目及相关要求。

（1）直流隔离开关的外观检查见表 2-1。

表 2-1　　　　　　　　　　直流隔离开关的外观检查

检查内容	检查结果
机构的配置、型号、参数	应与设计相符
主要设备、辅助设备的工艺质量	应良好
把手、按钮标识	应与设计相符
端子排、元件螺钉紧固情况	应紧固

（2）直流隔离开关的机构及二次回路绝缘检测见表 2-2。

表 2-2　　　　　　　直流隔离开关的机构及二次回路绝缘检测

检测部位	1000V 绝缘电阻表检测
直流电源二次回路端子对其他回路端子及对地绝缘检查	应大于 10MΩ
开关量输入二次回路端子对其他回路端子及对地绝缘检查	应大于 10MΩ
信号输出二次回路端子对其他回路端子及对地绝缘检查	应大于 10MΩ

（3）直流隔离开关的信号模拟检查见表 2-3。

表 2-3　　　　　　　　直流隔离开关的信号模拟检查

信号名称	监控后台 A 系统	监控后台 B 系统
0511D-1 隔离开关分闸位置	应正确	应正确
0511D-1 隔离开关合闸位置	应正确	应正确
0511D-1 隔离开关机构就地控制	应正确	应正确
0511D-1 隔离开关电机电源消失	应正确	应正确
0511D-1 隔离开关手动操作	应正确	应正确
0511D-1 隔离开关控制电源消失	应正确	应正确
0511D-1 隔离开关机构加热照明电源消失	应正确	应正确

（4）直流隔离开关的控制出口检查见表 2-4。

表 2-4　　　　　　　　直流隔离开关的控制出口检查

项目	监控后台 A 系统	监控后台 B 系统
0511D-1 遥控公共端＋	应正确	应正确
0511D-1 分闸＋	应正确	应正确
0511D-1 合闸＋	应正确	应正确
0511D-1 就地操作允许	应正确	应正确
0511D-1 分闸－	应正确	应正确
0511D-1 合闸－	应正确	应正确
0511D-1 遥控公共端－	应正确	应正确

（5）直流隔离开关的导电回路电阻试验见表2-5。

表2-5 直流隔离开关的导电回路电阻试验

安装位置	编号	试验仪器	实测电阻
直流出线	0511D-1	回路电阻测试仪	应小于15$\mu\Omega$

（6）直流隔离开关的一次绝缘电阻试验见表2-6。

表2-6 直流隔离开关的一次绝缘电阻试验

安装位置	编号	试验仪器	一次绝缘电阻
直流出线	0511D-1	绝缘电阻测试仪	应大于1000MΩ

（7）直流隔离开关的操动机构试验见表2-7。

表2-7 直流隔离开关的操动机构试验

试验内容	试验结果
应在100%、110%、80%额定操作电压下进行合闸和分闸操作各5次	隔离开关应可靠地合闸和分闸，分、合闸位置应指示正确，分、合闸时间应符合产品技术条件，机械、电气闭锁装置应准确可靠

2.1.2 直流转换开关设备调试

直流转换开关的电气连接部分为电容器、避雷器、开断装置三种电气设备，非电气连接部分为绝缘平台。电容器与避雷器、开断装置并联起来构成连接在一起的三个并联支路。直流转换开关电气原理如图2-1所示。

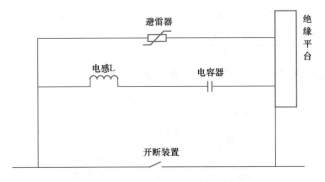

图2-1 直流转换开关电气原理图

直流转换开关为无源型直流转换开关，产生振荡电流的方式为自激振荡方式，这种自激振荡式高压直流转换开关，利用交流断路器气吹电弧的不稳定性和负阻特性，产生幅值逐渐增大的自激振荡电流，叠加至待开断的直流上，产生人工电流过零点，完成电流转移。

对于无源型直流开关，开断过程如下：

在开断装置断口触点分开时，电弧电压在开断装置与电容器构成的环路中激起振荡电流，当振荡电流反向峰值等于直流电流时，流过开断装置的电流为零，断口处的电弧熄灭。交流断路器成功开断转换电流，实现开断。

电弧熄灭后，流过开断装置断口的直流电流被转移到电容器支路，并在很短的时间内将电容器充电到避雷器的动作电压水平，此电压称为转换电压，接着避雷器动作，电容器支路中的电流又被转移到避雷器中，随后流过避雷器的电流逐渐减小，直至为零。

以直流转换开关 0010 为例介绍直流转换开关的调试项目及相关要求。

（1）直流转换开关的外观检查见表 2-8。

表 2-8　　　　　　　　　直流转换开关的外观检查

检查内容	检查结果
机构的配置、型号、参数	应与设计相符
主要设备、辅助设备的工艺质量	应良好
把手、按钮标识	应与设计相符
端子排、元件螺钉紧固	应紧固

（2）直流转换开关的机构及二次回路绝缘检测见表 2-9。

表 2-9　　　　　　直流转换开关的机构及二次回路绝缘检测

检测部位	1000V 绝缘电阻表检测
交流电流二次回路端子对其他回路端子及对地绝缘检查	应大于 10MΩ
直流电源二次回路端子对其他回路端子及对地绝缘检查	应大于 10MΩ
开关量输入二次回路端子对其他回路端子及对地绝缘检查	应大于 10MΩ
信号输出二次回路端子对其他回路端子及对地绝缘检查	应大于 10MΩ

（3）直流转换开关的信号模拟检查见表 2-10。

表 2-10　　　　　　　　直流转换开关的信号模拟检查

检查项目	监控后台 A 系统	监控后台 B 系统
0010 开关分闸位置	应正确	应正确
0010 开关合闸位置	应正确	应正确
0010 开关机构就地控制	应正确	应正确

第2章

续表

检查项目	监控后台 A 系统	监控后台 B 系统
0010 开关第一组控制电源消失	应正确	应正确
0010 开关电机控制电源消失	应正确	应正确
0010 开关第二组控制电源消失	应正确	应正确
0010 开关电机过热保护动作	应正确	应正确
0010 开关电机运转	应正确	应正确
0010 开关电机电源故障	应正确	应正确
0010 开关 SF_6 气压低告警	应正确	应正确
0010 开关 SF_6 气压低闭锁 1	应正确	应正确
0010 开关 SF_6 气压低闭锁 2	应正确	应正确
0010 开关低油压分闸告警	应正确	应正确
0010 开关低油压合闸告警	应正确	应正确
0010 开关机构加热照明电源消失	应正确	应正确
0010 开关油压低分闸闭锁 1	应正确	应正确
0010 开关油压低分闸闭锁 2	应正确	应正确
0010 开关油压低合闸闭锁 1	应正确	应正确
0010 开关油压低合闸闭锁 2	应正确	应正确

（4）直流转换开关的控制出口检查见表 2-11。

表 2-11　　　　　　直流转换开关的控制出口检查

检查项目	监控后台 A 系统	监控后台 B 系统
0010 开关远方合闸公共端＋	应正确	应正确
0010 开关遥控分闸 P	应正确	应正确
0010 开关遥控合闸 P	应正确	应正确
0010 开关远方允许就地控制	应正确	应正确
0010 开关远方分闸 N	应正确	应正确
0010 开关远方合闸 N	应正确	应正确
0010 开关远方合闸公共端－	应正确	应正确

（5）直流转换开关的断路器功能检查见表 2 - 12。

表 2 - 12　　　　　　　直流转换开关的断路器功能检查

检查内容	第一套操作电源	第二套操作电源
防跳检查	断路器在合位，能够分合一次	断路器在合位，能够分合一次
低气压闭锁检查	SF_6 气体压力值低于定值后，闭锁分合闸回路	SF_6 气体压力值低于定值后，闭锁分合闸回路
低油压分闸闭锁检查	应正确	应正确
低油压合闸闭锁检查	应正确	应正确

（6）直流转换开关的断路器的分、合闸速度检查见表 2 - 13。

表 2 - 13　　　　　　　直流转换开关的断路器分、合闸速度检查

合闸线圈		分闸线圈	
1	2	1	2
合闸速度应处于 2.6～3.4m/s	合闸速度应处于 2.6～3.4m/s	分闸速度应处于 8.4～10.7m/s	分闸速度应处于 8.4～10.7m/s

（7）直流转换开关的断路器分、合闸线圈直流电阻及绝缘电阻检查见表 2 - 14。

表 2 - 14　　直流转换开关的断路器分、合闸线圈直流电阻及绝缘电阻检查

0010 直流转换开关	合闸线圈		分闸线圈	
	1	2	1	2
线圈电阻	测量合闸线圈直流电阻应合格，与出厂试验值的偏差不超过±5%	测量合闸线圈直流电阻应合格，与出厂试验值的偏差不超过±5%	测量分闸线圈直流电阻应合格，与出厂试验值的偏差不超过±5%	测量分闸线圈直流电阻应合格，与出厂试验值的偏差不超过±5%
绝缘电阻	应大于 10MΩ	应大于 10MΩ	应大于 10MΩ	应大于 10MΩ

（8）直流转换开关的断路器分、合闸线圈最低动作电压测量见表 2 - 15。

表 2 - 15　　　　直流转换开关的断路器分、合闸线圈最低动作电压测量

合闸线圈		分闸线圈	
1	2	1	2
合闸电压在额定值（DC 220V）的 80%～110%可靠合闸	合闸电压在额定值（DC 220V）的 80%～110%可靠合闸	电压小于额定值（DC 220V）的 30%时，应不分闸；电压大于额定值的 65%时，应可靠分闸	电压小于额定值（DC 220V）的 30%时，应不分闸；电压大于额定值的 65%时，应可靠分闸
分合闸在额定电压 110%时，冲击三次无异常现象			

（9）采用直流电阻测试仪，对直流转换开关的断路器导电回路进行接触电阻测量，接头接触电阻不应超过 15μΩ。

（10）直流转换开关的断路器操动机构试验见表 2 - 16。

表 2 - 16　　　　　　　　直流转换开关的断路器操动机构试验

操作循环	分、合闸线圈额定操作电压百分比		次数	操作结果
	分闸	合闸		
分、合	手动		分合各 2 次	应无异常
分、合	65%	85%	分合各 5 次	应无异常
合	—	110%	5 次	应无异常
分	110%	—	5 次	应无异常
分	30%	—	3 次	应不能分闸
合	—	30%	3 次	应不能合闸
分、合	100%	100%	分合各 30 次	应无异常

（11）直流转换开关的断路器瓷套管、复合套管绝缘电阻试验见表 2 - 17。

表 2 - 17　　　　直流转换开关的断路器瓷套管、复合套管绝缘电阻试验

试验仪器	测量值
2500V 绝缘电阻表	测量值不应低于 1000MΩ

（12）直流转换开关的断路器主通流回路接头接触电阻试验见表 2 - 18。

表 2 - 18　　　　直流转换开关的断路器主通流回路接头接触电阻试验

试验仪器	测量值
回路电阻测试仪	应不大于 15μΩ

（13）直流转换开关的避雷器绝缘电阻测量试验见表 2 - 19。

表 2 - 19　　　　　直流转换开关的避雷器绝缘电阻测量试验

试验项目	测量值
绝缘电阻	试验采用 5000V 绝缘电阻表，绝缘电阻应不小于 2500MΩ
直流 4mA 参考电压及在 0.75 倍参考电压下泄漏电流测量	直流 4mA 参考电压不小于 110kV，0.75 倍参考电压下泄漏电流小于 200μA

（14）直流转换开关的电容器单体电容值测量和绝缘电阻试验见表 2 - 20。

表 2 - 20　　　直流转换开关的电容器单体电容值测量和绝缘电阻试验

试验项目	测量值
绝缘电阻	电容器的极对壳绝缘电阻测量值应不低于 5000MΩ，支柱绝缘子绝缘电阻测量值应不低于 5000MΩ
电容值测量	电容器的电容值与出厂值相比变化不应大于 5%

2.2　直流断路器调试

应用于柔性直流输电的直流断路器具有分断直流电流的能力，是柔性直流换流站组成直流电网的核心设备。不同于常规的交流断路器，直流断路器是一个极其复杂的系统，包含电力电子器件、快速机械开关、供能变压器、耗能避雷器、水冷设备等，因此其单体调试项目也有区别于常规交流断路器，本节以 ±500kV 直流断路器为例进行介绍。

2.2.1　混合式直流断路器简介

直流断路器有混合式、机械式、负压耦合式三种技术路线，以混合式直流断路器为例介绍直流断路器的调试项目及相关要求。

混合式直流断路器由主支路、转移支路和耗能支路三条支路并联构成。

主支路由 1 组快速机械开关和 IGBT 级联构成的电力电子开关组成，用于导通系统运行电流和转移故障电流；转移支路由二极管、IGBT 模块级联构成的电力电子开关组成，用于关断各种暂稳态工况下电流；耗能支路由多个氧化锌避雷器（metal oxide varistor，MOV）单元串联构成，用于抑制断路器暂态分断电压和吸收感性元件储存能量，混合式直流断路器整体拓扑原理如图 2-2 所示。

2.2.2　直流断路器现场调试项目及要求

（1）直流断路器电流分断试验。

1）试验目的。为考核直流断路器开断电流的能力，验证一次各主要部件和二次控保设备的配合特性和整机集成性能，测试直流断路器的基本性能，所以应进行直流断路器电流分断试验。

2）试验条件。

a. 断路器整机内部的所有元组件，如供能变压器、阀控、主支路、转移支路、机械开关、避雷器、光电流互感器（current transformer，CT）等应全部完成交接试验。

b. 断路器整机安装应全部完成，整机控分、控合试验应已完成。

c. 试验设备需要施工方配合安装到试验区域，试验区域应设置安全围栏。

3）试验原理介绍。

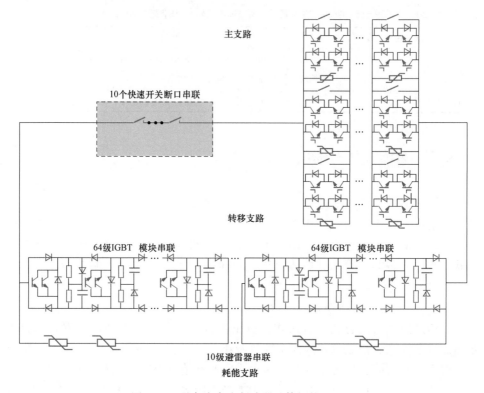

图 2-2　混合式直流断路器整体拓扑原理图

a. 试验原理。现场搭建 LC 振荡回路，利用振荡回路产生直流电流施加于极线断路器两侧，并分别在第一个波峰电流值为 1.5、4.5kA 时开展电流分断试验，每个方向各 3 次。在试验中，必须综合考虑断路器的动作时间、分闸指令发出时间，确保在 1.5kA（4.5kA）时，断路器正好分闸。

b. 试验接线。试验接线原理如图 2-3 所示。

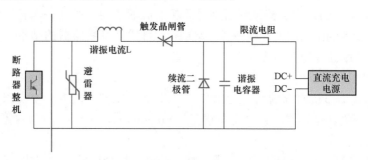

图 2-3　LC 放电回路试验接线原理图

4）试验方法及流程。

a. 应在试验场地内完成 LC 振荡回路的组装，并将 LC 回路输出接至直流断路器两侧。

b. 应对 LC 振荡回路进行调试，保证工作正常。

c. 应对 LC 振荡回路进行充电，应在回路第一个振荡波峰为 1.5kA 附近时分断断路器，确保在 1.5kA 时断路器正好分闸，应记录直流断路器电流、动作时间等参数，在 1.5kA 下，每个方向应各开展 3 次试验。

d. 应对 LC 振荡回路进行充电，应在回路第一个振荡波峰为 4.5kA 附近时分断断路器，确保在 4.5kA 时断路器正好分闸，应记录直流断路器电流、动作时间等参数，在 4.5kA 下，每个方向应各开展 3 次试验。

e. 试验结束后，应进行充分放电，拆除试验设备。

5）试验标准。

a. 开断电流应不小于试验方法中的要求值，从直流断路器接到分闸指令到试验电流开始下降的时间应小于 3ms。

b. 直流断路器全电流分断时间（从直流断路器接到分断命令到总电流降至 150mA 以内）应小于等于 150ms。

c. 任何一次开断试验，直流断路器各部分均应按照正确逻辑动作，没有发生误动或拒动现象，无器件损坏。

（2）直流断路器的 MOV 试验见表 2 - 21。

表 2 - 21　　　　直流断路器的 MOV 试验

绝缘电阻测量	绝缘电阻
第一层	避雷器本体绝缘电阻用 5000V，绝缘电阻表绝缘电阻应不小于 2500MΩ
第二层	避雷器本体绝缘电阻用 5000V，绝缘电阻表绝缘电阻应不小于 2500MΩ
第三层	避雷器本体绝缘电阻用 5000V，绝缘电阻表绝缘电阻应不小于 2500MΩ
第四层	避雷器本体绝缘电阻用 5000V，绝缘电阻表绝缘电阻应不小于 2500MΩ
第五层	避雷器本体绝缘电阻用 5000V，绝缘电阻表绝缘电阻应不小于 2500MΩ

（3）直流断路器光纤衰减测试试验见表 2 - 22。

表 2 - 22　　　　直流断路器光纤衰减测试试验

测试光纤位置	光纤衰减值
转移支路光纤测试	光纤衰减应满足技术规范要求，且不大于 6dB
主支路光纤测试	光纤衰减应满足技术规范要求，且不大于 6dB
快速机械开关光纤测试	光纤衰减应满足技术规范要求，且不大于 6dB

续表

测试光纤位置	光纤衰减值
1号测量柜至控制柜光纤测试	光纤衰减应满足技术规范要求，且不大于6dB
2号测量柜至控制柜光纤测试	光纤衰减应满足技术规范要求，且不大于6dB
开关供能变压器光纤测试	光纤衰减应满足技术规范要求，且不大于6dB
转移支路主供能变压器光纤测试	光纤衰减应满足技术规范要求，且不大于6dB
测量柜至控制柜光纤测试	光纤衰减应满足技术规范要求，且不大于6dB
漏水检测光纤测试	光纤衰减应满足技术规范要求，且不大于6dB

（4）直流断路器 SF_6 气体绝缘直流隔离变压器试验。

1）直流断路器 SF_6 气体组分测试见表2-23。

表2-23 直流断路器 SF_6 气体组分测试

试验项目	试验结果
SF_6 气体微水含量测试	含水量应不大于 $250\mu L/L$
SF_6 气体纯度测试	纯度应不小于99.8%

2）直流断路器 SF_6 气体密度继电器测试见表2-24。

表2-24 直流断路器 SF_6 气体密度继电器测试

使用地点	额定值（MPa）	报警值（MPa）		闭锁值（MPa）	
机械开关1号气室	0.50	标称值0.45	实测值允许误差±2.5%	标称值0.40	实测值允许误差±2.5%
机械开关2号气室	0.50	标称值0.45	实测值允许误差±2.5%	标称值0.40	实测值允许误差±2.5%
机械开关3号气室	0.50	标称值0.45	实测值允许误差±2.5%	标称值0.40	实测值允许误差±2.5%

（5）直流断路器主供能变压器直流耐压试验。

1）试验目的。为考核直流断路器主供能变压器对地直流耐压水平，应对主供能变压器开展直流耐压试验。

2）试验条件。

a. 被试主供能变压器应已完成安装，外观应清洁、无破损。

b. 被试主供能变压器应完成全部常规试验且结果合格。

c. 被试主供能变压器在试验前应静置不低于 24h，应已完成 SF_6 微水等化学试验且结果合格。

d. 主供能变压器与储能电容器等断路器组件之间的电气连接应断开。

e. 应在天气良好时进行试验，被试品周围温度应不低于+5℃，空气相对湿度应不高于 80%。

3）试验原理。直流断路器主供能变压器直流耐压试验采用高压直流发生器加压完成试验接线，如图 2 - 4 所示。

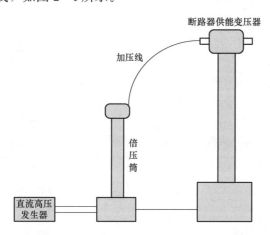

断路器供能变压器

加压线

倍压筒

直流高压发生器

图 2 - 4　主供能变压器直流耐压试验原理图

4）试验方法及流程。

a. 在高压端子与地之间升至 $1.1U_r$（589kV），保持 5min，其中 U_r 为主供能变压器额定电压。

b. 逐步提升电压至 $1.6U_r \times 0.8$（684kV），保持 1min。

c. 将电压降低至 U_r（535kV），保持 15min。

d. 将电压减至零。

e. 用相反极性电压重复上述耐压试验，在重复试验之前，主供能变压器应短路并接地 2h。

（6）直流断路器阀塔水管流量测试见表 2 - 25。

表 2 - 25　　　　　　　　直流断路器阀塔水管流量测试

位置	流量
S 形进水管	额定流量为 610L/min，误差应不大于±5%
S 形出水管	额定流量为 610L/min，误差应不大于±5%

（7）直流断路器阀塔接触电阻测量见表 2 - 26。

表 2-26 直流断路器阀塔接触电阻测量

序号	位置	电阻值
1	底部阀塔进出线金具与外部连接金具	接触电阻值应不大于 $10\mu\Omega$
2	底部阀塔进出线金具与底部均压环	接触电阻值应不大于 $10\mu\Omega$
3	底部阀塔进出线金具与 L 型铜排	接触电阻值应不大于 $10\mu\Omega$
4	L 型铜排与主支路连接铜排	接触电阻值应不大于 $10\mu\Omega$
5	主支路连接铜排与主支路组件（旁路开关侧）	接触电阻值应不大于 $10\mu\Omega$
6	主支路组件之间连接铜排（水管侧）	接触电阻值应不大于 $10\mu\Omega$
7	主支路组件之间连接铜排（光纤槽盒侧）	接触电阻值应不大于 $10\mu\Omega$
8	主支路连接铜排与主支路组件（磁环侧）	接触电阻值应不大于 $10\mu\Omega$
9	主支路连接铜排与机械开关侧直铜排	接触电阻值应不大于 $10\mu\Omega$
10	底部机械开关脊柱铜排与直铜排	接触电阻值应不大于 $10\mu\Omega$
11	机械开关之间连接铜排（从下到上）	接触电阻值应不大于 $10\mu\Omega$
12	顶部机械开关脊柱铜排与 L 型铜排	接触电阻值应不大于 $10\mu\Omega$
13	L 型铜排与机械开关出线金具	接触电阻值应不大于 $10\mu\Omega$
14	机械开关出线金具与顶部均压环	接触电阻值应不大于 $10\mu\Omega$
15	顶部均压环之间	接触电阻值应不大于 $10\mu\Omega$
16	顶部小均压环之间	接触电阻值应不大于 $10\mu\Omega$
17	顶部进出线金具与外部金具	接触电阻值应不大于 $10\mu\Omega$

2.3 直流保护设备调试

柔性直流电网直流保护系统的功能是在直流电网出现各种不同类型故障情况下，尽可能地通过改变控制策略或者切除最少的故障元件，减少故障对直流电网和设备安全稳定运行的影响。直流保护对大部分故障提供两种以上原理保护，以及主后备保护。

2.3.1 直流保护特点

直流保护特点如下：

（1）适用于柔性直流电网的各种运行方式和控制模式。直流保护系统能适用于柔性直流电网的各种运行方式，既能用于整流运行，又能用于逆变运行；能适用于单、双极大地回线运行、金属回线运行等不同的运行方式；能适用于联网、孤岛方式以及不同的有功和无功控制模式。

（2）多重化的冗余配置。为了提高直流保护的可靠性，直流保护采用三重化设计。采用三重化配置的保护装置，按照"三取二"的逻辑出口，即 A、B、

C 冗余系统中至少同一保护中的两套同时有信号出口，即为保护出口信号；换流变压器本体作用于跳闸的非电量保护元件配置三副跳闸触点，按照"三取二"逻辑出口，三个开关量输入回路相互独立，跳闸触点不能并联上送。

（3）每极各套保护间、极间输入/输出（I/O）设备完全独立；一套保护退出时，其他保护不受影响。与控制系统异常密切相关的保护，首先发出控制系统切换命令（除需要快速清除故障外），将控制系统从原来的有效系统切换至备用系统，以免由控制系统故障引起不必要的跳闸。

（4）直流保护具有完整的自监测功能，保证全面完整的自检覆盖率。

（5）保护配置的独立性。冗余的保护装置之间在物理及电气上相互独立，有各自独立的电源回路，测量互感器的二次绕组，信号输入回路、信号输出回路，通信回路，保护主机，以及二次绕组之间的通道、装置和接口，任一保护退出，均不影响其他保护正确动作和直流系统的正常运行。

2.3.2　直流保护动作结果

直流保护动作结果如下：

（1）闭锁换流器。给阀控发送闭锁换流阀信号，使换流器停运。

（2）导通晶闸管。为防止换流阀子模块 IGBT 并联的二极管损坏，换流阀桥臂区域的部分保护需要给阀控发送导通晶闸管指令。

（3）跳交流断路器。包括换流变压器阀侧断路器和换流变压器网侧断路器，中断交流系统和换流站的连接，防止交流系统向位于换流变压器阀侧的故障点注入电流。

（4）锁定交流断路器。跳交流断路器没有配置重合闸功能，因此在发送断路器跳闸命令时，同时会发交流断路器锁定指令，禁止断路器遥控分合。

（5）控制系统切换。有一些故障是由控制系统的原因造成的，因此第一时间会进行控制系统切换。

（6）极隔离。换流阀闭锁停运后，会执行极隔离指令，分开直流母线快速开关、中性线开关及两侧的隔离开关。

（7）跳直流断路器。张北柔直工程配有高压直流断路器，线路上发生故障会第一时间跳直流断路器并重合直流断路器，若重合闸成功，系统继续运行。若重合闸于永久性故障，则重合闸失败，永跳直流断路器，闭锁重合闸指令，锁定直流断路器。

2.3.3　直流保护配置

如图 2-5 所示，直流场设备主要包括阀侧连接线保护区、换流器保护区、极母线保护区、中性线保护区、中性母线保护区、直流线路保护区、金属回线保护区七个保护区，每个保护区有若干保护。

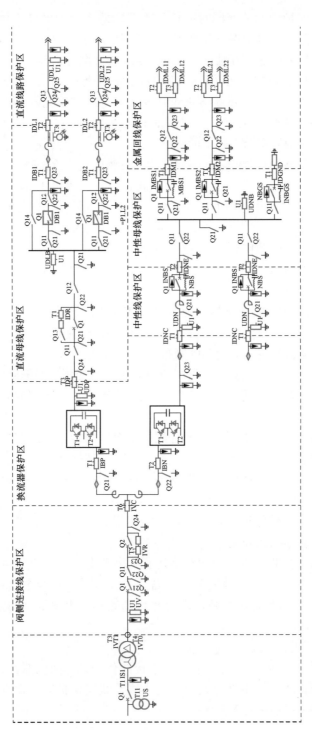

图 2 - 5　保护分区图

阀侧连接线保护、换流器保护、极保护在硬件上统一配置于极保护主机 PPR 中；极母线（两条直流线路的极汇流母线）保护和中性母线保护在硬件上统一配置于极母线保护主机 DBP 中；直流线路保护和金属回线保护独立配置于直流线路保护 DLP 主机中。

2.3.4　直流保护现场调试项目及相关要求

（1）外部检查。

1）保护装置的配置，标注及接线等符合要求。

2）保护柜端子排接线无机械损伤、无断线、无短路等现象，端子压接应紧固；连线、元器件外观及插入状况良好，无松动和破损等情况。

3）板卡连接应牢固、可靠，通信总线连线无松脱，光纤弯曲度符合标准。

4）接地端子与屏内接地铜排可靠连接。

（2）绝缘检查。

1）二次回路绝缘检查。在保护屏端子排处，将所有电流、电压、直流控制回路的端子的外部接线拆开，并将电压、电流回路的接地点拆开，用 1000V 绝缘电阻表分别测量各组回路之间和各组回路对地的绝缘电阻。直流保护屏二次回路绝缘检查见表 2-27。

表 2-27　　　　　　　　　直流保护屏二次回路绝缘检查

检查项目	电阻
交流电流回路对地	应不小于 10MΩ
交流电压回路对地	应不小于 10MΩ
直流电源回路对地	应不小于 10MΩ
跳闸和合闸回路对地	应不小于 10MΩ
开入回路对地	应不小于 10MΩ
信号回路对地	应不小于 10MΩ
各组回路之间	应不小于 10MΩ

2）装置绝缘检查。在保护屏端子排内侧，分别短接交流电压回路端子、交流电流回路端子、直流电源回路端子、跳闸和合闸回路端子、开关量输入回路端子、信号回路端子。用 500V 绝缘电阻表测量各组回路之间和各组回路对地的绝缘电阻。在测量某一回路对地绝缘时，应将其他各组回路都接地，测试后应将各回路对地放电。直流保护装置绝缘检查见表 2-28。

表 2-28   直流保护装置绝缘检查

检查项目	电阻
交流电流回路端子对地	应不小于 20MΩ
交流电压回路端子对地	应不小于 20MΩ
直流电源回路端子对地	应不小于 20MΩ
跳闸和合闸回路端子对地	应不小于 20MΩ
开入回路端子对地	应不小于 20MΩ
信号回路端子对地	应不小于 20MΩ
各组回路端子之间	应不小于 20MΩ

（3）装置检查。

1）通电初步检查。

a. 检查保护失电功能。失电后保护定值及各种信号应不丢失。

b. 检查各保护装置键盘操作检查及密码、软件版本号。各保护装置键盘操作应灵活正确，密码正确，软件版本号应符合定值单整定要求。

c. 检查各保护装置时钟。与站内 GPS 或北斗系统保持一致。

2）模拟量采样精度检查。

a. 检查零漂。进入保护状态采样值菜单，检查保护装置零漂，要求零漂在 1‰以内。

b. 检验模拟量输入的幅值和相位特性线性度。进入保护状态采样值菜单，加入交流电压、电流回路检查保护装置各模拟量通道显示值，幅值误差应小于 5%，在额定电压、电流下测量角度误差应不大于 3°。

3）开关量输入、输出检查。

a. 检查开关量输入。进入保护开入显示菜单，投退功能压板，或用 24V 电源点其他开入量，检查其他开入量状态，压板状态和开关量能正确变位。

b. 检查开关量输出。配合保护传动进行检查，保护跳合闸出口、录波、信号以实际传动进行检验，回路所使用到的动合、动断触点应能可靠接通或断开。

4）保护定值检查。

a. 定值整定核对。能正确输入和修改、打印整定值，定值核对正确。

b. 校验相关保护定值。投入相关保护，按照最新定值通知单逐项模拟故障，验证各项定值动作逻辑特性符合要求。

5）三取二逻辑检查。直流保护装置采用三重化配置，当三套保护投入时，采用"三取二"的逻辑出口；当一套保护退出后，其他保护采用"二取一"逻辑出口；当两套保护退出时，采用"一取一"逻辑出口。两个"三取二"模块互为备用，任一"三取二"模块故障，均不会导致保护拒动和误动。

"三取二"逻辑同时实现于独立的"三取二装置"和"控制主机"中，如图 2-6 所示。

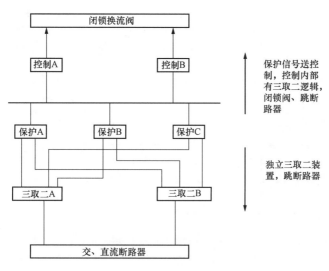

图 2-6　三取二配置图

6）整组传动。对保护装置全部功能进行整组传动，模拟故障类型包括各种接地（瞬时、永久、正反向）短路故障、各种相间（瞬时、永久、正反向）短路故障。保护动作后，交流断路器动作、中性线高速转换开关（neutral bus switch，NBS）动作、中性母线高速接地开关（neutral bus ground switch，NBGS）动作、发闭锁指令、启动失灵、故障录波、信号、监控后台等应正确。检查保护跳闸回路应正确，跳闸矩阵应正确。直流保护整组传动见表 2-29。

表 2-29　　　　　　　　　　直流保护整组传动

保护类型	阀闭锁	导通晶闸管	跳交流断路器并锁定	控制系统切换	极隔离	跳直流断路器	重合直流母线快速断路器	重合NBS	重合NBGS
阀侧连接线差动保护	√		√		√	√			
阀侧连接线过电流保护	√		√	√	√	√			
交流阀侧零序过电压保护	√		√		√	√			
启动电阻过电流保护	√		√		√	√			
启动电阻过负荷保护	√		√		√	√			
桥臂电抗器差动保护	√	√	√		√	√			
阀侧交流差动保护	√		√		√	√			

第2章

保护类型	阀闭锁	导通晶闸管	跳交流断路器并锁定	控制系统切换	极隔离	跳直流断路器	重合直流母线快速断路器	重合NBS	重合NBGS
换流器差动保护	√	√	√		√	√			
中性线差动保护	√		√		√	√			
中性线开路保护	√		√		√	√			√
中性线开关保护	√		√		√	√		√	
极差动保护	√	√	√		√				
直流低电压保护				√					
直流母线快速开关失灵保护	√		√		√	√	√		
直流过电压保护	√		√	√	√				
桥臂过电流保护	√	√	√	√	√	√			

注:"√"表示执行对应的保护动作行为。

2.4 直流控制设备调试

2.4.1 直流控制系统特点

换流站控制按照分层设计原则可将控制系统层次从高到低分为站间协调控制、双极控制层、极控制层,如图2-7所示。

站间协调控制可以对四站进行总的协调,减少系统运行过程中投退换流阀的扰动,降低站间通信的负载率,当站间通信失去时,通过设置在极控制层的不依赖于通信的协调控制策略实现换流站的运行。为适应柔性直流电网运行方式复杂多变的需求,在源端和受端各配置一套站间协调控制(station communi-cation control,SCC)装置,采用主备方式实现多换流站间协调控制。

极控制层有间接电流控制、矢量控制和自适应控制等多种控制方式。其中间接电流控制模式简单方便,但是响应速度慢。直接电流控制的矢量控制方法,具有快速的电流响应特性和良好的内在限流能力,因此被广泛应用于换流站的极层控制中。

极层控制的实现主要通过直流电压、有功功率、电网频率、交流电压和无功功率的外环控制与内环电流控制共同组成双环控制策略。外环产生参考电流指令,内环电流控制根据矢量控制原理,通过一系列的处理产生换流器的三相参考电压,调制为六路桥臂电压参考值或者直接转化成六路桥臂开通个数,发

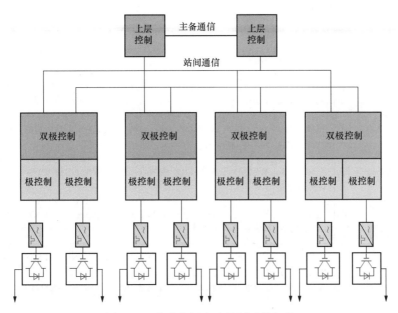

图 2-7　直流电网直流控制系统架构

送至阀控单元。

2.4.2　直流控制装置现场调试项目及相关要求

直流控制设备的单体调试项包括装置外观检查，绝缘检查，通电检查，模拟量检查，开关量输入、输出检查，顺控联锁功能检查，冗余系统切换功能检查。其中装置外观检查，绝缘检查，通电检查，模拟量检查，开关量输入、输出检查与保护装置一致，此处不再赘述，重点介绍顺序控制联锁功能检查、冗余系统切换功能检查、控制跳闸功能检查等。

（1）顺序控制联锁功能检查。直流控制装置具有顺序控制联锁功能，顺序控制主要是对换流站内断路器、隔离开关的分/合操作和换流阀从接地到运行、从运行到接地等提供自动执行功能。顺序控制操作可以在运行人员工作站、就地控制屏柜实现。因此需要在运行人员工作站、就地控制屏柜依次验证顺序控制功能是否可用。直流顺序控制操作见表 2-30。

表 2-30　　　　　　　　　直流顺序控制操作

项目	判据
接地	交流进线接地开关、WT. Q21、WT. Q22、WT. Q23、WT. Q24、VH. Q21、VH. Q24、VH. Q22、VH. Q23、WP. Q21、WP. Q22、PWN. Q21、PWN. Q22 合位
未接地	交流进线接地开关、WT. Q21、WT. Q22、WT. Q23、WT. Q24、VH. Q21、VH. Q24、VH. Q22、VH. Q23、WP. Q21、WP. Q22、PWN. Q21、PWN. Q22 分位

项目	判据
隔离	WP. Q11、PWN. Q11、WT. Q11 分位
HVDC 联网运行方式连接	WT. Q1、WT. Q11、WT. Q12 或 WT. Q2、WP. Q11、WP. Q1、WP. Q12、PWN. NBS、PWN. Q11 合位
HVDC 孤岛运行方式连接	WT. Q1、WT. Q11、WT. Q2、WP. Q11、WP. Q1 或 WP. Q13、WP. Q12、PWN. NBS、PWN. Q11 合位
STATCOM 运行方式连接	WT. Q1、WT. Q11、WT. Q12 或 WT. Q2、PWN. NBS、PWN. Q11 合位、WP. Q11 分位
OLT 运行方式连接	WT. Q1、WT. Q11、WT. Q12 或 WT. Q2、WP. Q11、WP. Q1、WP. Q12、PWN. NBS、PWN. Q11 合位
	WT. Q1、WT. Q11、WT. Q12 或 WT. Q2、PWN. NBS、PWN. Q11 合位、WP. Q11 分位
停运	闭锁换流器
运行	解锁换流器
投入	合直流母线快速开关 WP. Q1
退出	闭锁换流器、分交流进行开关、分阀侧断路器、中性线 NBS、分阀侧断路器两侧隔离开关、极隔离开关、中性线隔离开关
中性线连接	WN. NBS、PWN. Q11 合位
中性线隔离	PWN. Q11 分位
站地连接	WN. Q11、WN. Q1 合位
站地隔离	WN. Q11 分位
金属回线连接	WN. Ly. Q11、WN. Ly. Q12、WN. Ly. Q1（MBSy）合位
金属回线隔离	WN. Ly. Q11、WN. Ly. Q12 至少一个为分位
线路 Ly 连接	P. Ly. Q11、P. Ly. Q12、P. Ly. Q1（DBy）、P. Ly. Q13 合位，或者 P. Ly. Q14、P. Ly. Q13 合位
线路 Ly 隔离	P. Ly. Q13 分位，或者（P. Ly. Q11 分位 ‖ P. Ly. Q12 分位）&&P. Ly. Q14 分位

（2）冗余系统切换功能检查。直流控制系统采用完全双重化配置，每套控制系统有运行、备用和试验三种工作状态。"运行"表示当前为有效状态、"备用"表示当前为热备用状态、"试验"表示当前处于检修测试状态。控制系统工作状态可以在故障状态下自动切换或由运行人员进行手动切换，系统切换的总体原则：在任何时候运行的系统应该是两套系统中工作状态较为完好的一套。

控制系统有轻微、严重和紧急三种故障等级。轻微故障指设备外围部件有轻微异常，对正常执行控制功能无任何影响的故障，但需加强监测并及时处理；严重故障指设备本身有较大缺陷，但仍可继续执行相关控制功能，需要尽快处理；紧急故障指设备关键部件发生了重大问题，已不能继续承担相关控制功能，需立即退出运行进行处理。

正常运行情况下两套控制系统一主一备，现场应模拟控制系统各种故障等级，充分验证控制系统之间的切换逻辑，具体切换逻辑如下：

1）当运行系统发生轻微故障时，另一系统处于备用状态且无任何故障，则系统切换。切换后，轻微故障系统将处于备用状态。当新的运行系统发生更为严重的故障时，还可以切换回此时处于备用状态的系统。

2）当备用系统发生轻微故障时，系统不切换。

3）当运行系统发生严重故障时，若另一系统处于备用状态（无故障或轻微故障），则系统切换。切换后，严重故障系统不能进入备用状态。

4）当运行系统发生严重故障时，若另一系统不可用，则严重故障系统可继续运行。

5）当运行系统发生紧急故障时，若另一系统处于备用状态，则系统切换。切换后紧急故障系统不能进入备用状态。

6）当运行系统发生紧急故障时，如果另一系统不可用，闭锁直流，跳网侧和阀侧断路器，不启动失灵。

7）当备用系统发生严重或紧急故障时，故障系统不能进入备用状态。

（3）控制跳闸功能检查。

1）紧急停运跳闸试验。

试验条件：极控主机 A 值班状态，极控主机 B 备用状态。

试验步骤：

a. 仅按紧急停运按钮 1，后台无紧急停运信号，复归紧急停运按钮 1；

b. 仅按紧急停运按钮 2，后台无紧急停运信号，复归紧急停运按钮 2；

c. 同时按紧急停运按钮 1 与紧急停运按钮 2，极控主机 A 报紧急停运跳闸，极控主机 B 报紧急停运跳闸。

2）直流分压器非电量跳闸试验。

试验条件：极控主机 A 值班状态，极控主机 B 备用状态。

试验步骤：

a. 在直流分压器本体处，将 SF_6 压力表与气室之间的阀门关闭。

b. 对 SF_6 压力表 A 进行放气，监控后台控制主机 A 报"X 分压器 SF_6 压力低告警""X 分压器 SF_6 压力低跳闸"，监控后台控制主机 B 报"X 分压器 SF_6 压力低跳闸"。

c. 对 SF$_6$ 压力表 B 进行放气，监控后台控制主机 A 报 "X 分压器 SF$_6$ 压力低跳闸"，监控后台控制主机 B 报 "X 分压器 SF$_6$ 压力低告警""X 分压器 SF$_6$ 压力低跳闸"，系统跳闸，跳断路器不启重合闸，不启失灵。

d. 对 SF$_6$ 压力表 C 进行放气，监控后台控制主机 A 报 "X 分压器 SF$_6$ 压力低跳闸"，监控后台控制主机 B 报 "X 分压器 SF$_6$ 压力低跳闸"。

3）阀厅火灾跳闸试验。

试验条件：阀厅消防接口屏正常运行，2 套极控制系统主机运行正常。

试验步骤如下：

a. 在阀厅消防接口屏上模拟值班状态极控主机 1 个阀厅极早期动作＋1 个紫外动作。极控制系统进行切换，值班主机退出备用，系统不跳闸。

b. 在阀厅消防接口屏上模拟备用状态极控主机 1 个阀厅极早期动作＋1 个紫外动作。极控制系统不进行切换，备用主机退出备用，系统不跳闸。

c. 在阀厅消防接口屏上模拟值班状态极控主机和备用状态主机 1 个阀厅极早期动作＋1 个紫外动作。极控制系统进行切换，值班主机退出备用，系统跳闸。

d. 类比上述 a～c 试验步骤，模拟 1 个阀厅进风口极早期动作＋2 个紫外动作，检查动作逻辑是否正确。

2.5　交流保护装置调试

柔性直流电网的保护根据一次设备和柔性直流电网的特点划分的区域有交流保护区、换流变压器保护区、阀侧连接线保护区。以换流变压器保护为例介绍交流保护现场调试项目及相关要求。

2.5.1　换流变压器主接线形式

换流变压器主接线如图 2-8 所示，换流变压器网侧经交流断路器连接交流母线，换流变压器阀侧经过交流断路器及启动电阻旁路断路器连接换流阀。

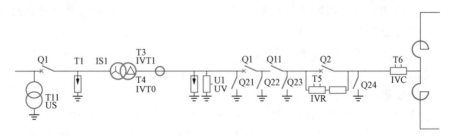

图 2-8　换流变压器主接线图

2.5.2　换流变压器保护基本原理

换流变压器差动保护涉及有电磁感应关系的各侧电流，主要原理是磁动势平衡原理。换流变压器正常运行或外部故障时，流入换流变压器的电流等于流出换流变压器的电流，两侧电流的相量和为零，差动保护不应动作。当换流变压器内部故障时，两侧电流的相量和等于短路点的短路电流，差动保护动作，切除故障换流变压器。

根据差动保护被保护对象及保护所采电流的不同，换流变压器差动保护分为换流变压器大差保护、换流变压器小差保护、引线差动保护、网侧绕组差动保护、零序差动保护、阀侧绕组差动保护。大差比率差动保护和小差比率差动保护的保护区域是构成比率差动保护的各侧电流互感器之间所包含的部分。差动速断保护不经过任何条件闭锁动作，当任一相差动电流大于差动速断整定值时瞬时动作跳开换流变压器交流侧断路器。网侧引线差动保护的保护对象是交流侧断路器到网侧套管的连接线，网侧绕组差动保护的保护对象是网侧绕组，阀侧绕组差动保护的保护对象是阀侧绕组，这三个差动保护不受换流变压器励磁电流、励磁涌流、带负荷调压及过励磁的影响，不需要涌流闭锁元件、差动速断元件和过励磁闭锁元件。

2.5.3　换流变压器保护现场调试项目及相关要求

（1）换流变压器保护装置内外部检查。

1）保护装置的配置、标注及接线等符合要求。

2）保护柜端子排接线无断线、无短路等现象；连线、元器件外观及插入状况良好，无松动和破损等情况。

3）各插件插、拔灵活，切换开关、按钮、键盘等操作灵活。

4）接地端子与屏内接地铜排可靠连接。

（2）换流变压器保护装置绝缘试验。

换流变压器保护装置的绝缘试验同直流保护装置的绝缘试验方法及要求一致，具体内容见表 2-29 和表 2-30。

（3）换流变压器保护装置试验。

1）逆变稳压电源检查。

a. 接点检查。按极性接入额定直流电源，失电告警继电器可靠返回，触点可靠断开。

b. 电源自启动性能检查。当外加试验直流电源由零缓慢调至 80％ 的额定电压时，其失电告警继电器触点可靠断开，然后拉合一次直流电源开关，其万用表监测有相同反应，其失电告警继电器触点可靠接通。在 80％～115％ 的额定电压下，保护动作逻辑正确、可靠。

2）换流变压器保护装置通电初步检查。

a. 保护装置的通电自检。保护装置通电后，进行全面自检，自检通过后，面板上运行监视绿灯亮，其他指示灯灭，液晶显示器循环显示巡检状态、保护安装处的电压电流幅值相位及保护投退状态，无通信异常报警。

b. 监控模块的检查。在保护装置正常运行状态下，分别操作面板上的各按键，按键功能正确。

c. 打印机与保护装置的联机检验。采用串口打印方式，专用打印连接电缆连好，打印前先给保护装置上电，再给打印机上电，装置可正确打印。

d. 软件程序检查。软件版本和程序校验码正确。

e. 时钟的整定及核查。装置采用全球定位系统（global positioning system，GPS）B 码对时，进入"系统设置"菜单移动至时间整定，对时间进行修改，然后通过拉合直流电源开关，在失电一段时间的情况下，时间与 GPS 屏同步并走时准确。

3）换流变压器保护装置定值整定检查。

a. 定值整定。进行定值整定并固化，然后打印定值报告进行核对。

b. 整定值失电保护功能检验。拉合一次直流电源，保护装置整定值在直流电源失电后没有丢失或改变。

4）换流变压器 A/D 回路检查。

a. 零漂检查。端子排内短接电压回路，断开电流回路，不加任何交流量时的正常采样，检查电流、电压回路零漂，每个回路零漂在 $-0.01\sim0.01A$，$-0.5\sim0.5V$ 范围内。

b. 刻度检查。电压回路并入 0.5 级电压表监视，电流回路顺极性串联，通入交流电流并串接 0.5 级电流表监视，观察装置面板显示值与输入值是否一致。

c. 电流电压回路极性检查。加入额定交流电流、交流电压观察采样值相位，IA、IB、IC、3I0 通道采样值相位一致，UA、UB、UC、3U0 通道采样值相位一致。

5）换流变压器保护开入回路检查见表 2-31。

表 2-31　　　　　　　　换流变压器保护开入回路检查

开入名称	结果
投换流变压器主保护	应正确
投换流变压器后备保护	应正确
投检修状态	应正确
投远方控制	应正确
投网侧电压	应正确

（4）换流变压器保护试验。

1）差动保护。

a. 换流变压器大差比率差动保护试验见表 2 - 32。

表 2 - 32　　　　　　换流变压器大差比率差动保护试验

差动绕组	整定值	整定时间(s)	0.95 倍整定值	1.05 倍整定值	动作时间（ms）
交流侧 1 支路与阀侧	$0.5I_e$	0	应不动作	应动作	31
交流侧 2 支路与阀侧	$0.5I_e$	0	应不动作	应动作	32

注：I_e 表示电流额定值。

b. 换流变压器小差比率差动保护试验见表 2 - 33。

表 2 - 33　　　　　　换流变压器小差比率差动保护试验

差动绕组	整定值	整定时间(s)	0.95 倍整定值	1.05 倍整定值	动作时间（ms）
网侧首端与阀侧首端	$0.5I_e$	0	应不动作	应动作	34
网侧首端与阀侧末端	$0.5I_e$	0	应不动作	应动作	35
网侧末端与阀侧首端	$0.5I_e$	0	应不动作	应动作	32
网侧末端与阀侧末端	$0.5I_e$	0	应不动作	应动作	35

c. 换流变压器引线比率差动保护试验见表 2 - 34。

表 2 - 34　　　　　　换流变压器引线比率差动保护试验

差动绕组	整定值	整定时间(s)	0.95 倍整定值	1.05 倍整定值	动作时间（ms）
开关 1 至网侧首端	$0.5I_e$	0	应不动作	应动作	32
开关 1 至网侧末端	$0.5I_e$	0	应不动作	应动作	31
开关 2 至网侧首端	$0.5I_e$	0	应不动作	应动作	33
开关 2 至网侧末端	$0.5I_e$	0	应不动作	应动作	31

d. 换流变压器网侧绕组差动保护试验见表 2 - 35。

表 2 - 35　　　　　　换流变压器网侧绕组差动保护试验

差动绕组	整定值	整定时间(s)	0.95 倍整定值	1.05 倍整定值	动作时间（ms）
网侧绕组	$0.5I_e$	0	应不动作	应动作	31

e. 换流变压器大差差动速断保护试验见表 2 - 36。

表 2-36   换流变压器大差差动速断保护试验

相别	A 相	B 相	C 相
0.95 倍定值下动作情况	可靠不动作	可靠不动作	可靠不动作
1.05 倍定值下动作情况	可靠动作	可靠动作	可靠动作
1.2 倍定值下动作时间（ms）	16	15	16

f. 换流变压器小差差动速断保护试验见表 2-37。

表 2-37   换流变压器小差差动速断保护试验

相别	A 相	B 相	C 相
0.95 倍定值下动作情况	可靠不动作	可靠不动作	可靠不动作
1.05 倍定值下动作情况	可靠动作	可靠动作	可靠动作
1.2 倍定值下动作时间（ms）	14	15	14

2）换流变压器网侧后备保护试验见表 2-38。

表 2-38   换流变压器网侧后备保护试验

项目	定值	0.95 倍整定值	1.05 倍整定值	动作时间（ms）
开关过电流保护	Ⅰ段：1.5A，$t=1s$	可靠不动作	可靠动作	1024
	Ⅱ段：1.0A，$t=2s$	可靠不动作	可靠动作	2013
网侧过电流保护	Ⅰ段：1.5A，$t=1s$	可靠不动作	可靠动作	1023
	Ⅱ段：1.0A，$t=2s$	可靠不动作	可靠动作	2013
零序过电流保护	Ⅰ段：1.5A，$t=1s$	可靠不动作	可靠动作	1039
网侧过负荷保护	Ⅰ段：5A，$t=1s$	可靠不动作	可靠动作	5009

（5）换流变压器整组试验。在完成每一套单独保护的整定检验后，需要将同一被保护设备的所有保护连在一起进行整组的检查试验，以校验各保护在故障及重合闸过程中的动作情况和保护回路设计的正确性。

整组试验时，可先进行每一套保护（指几种保护共用一组出口的保护总称）带断路器的整组试验。每一套保护传动完成后，还需模拟各种故障用所有保护带实际断路器进行整组试验。

整组试验内容包括：

1）检查二次回路是否存在寄生回路，各套保护在直流电源正常及异常情况下无寄生回路。

2）保护装置在 80％额定直流电压条件下模拟各种故障，检查所有保护装置的动作情况，从端子排加入电流、电压对保护进行试验，观察对应的出口重动继电器，保护动作情况应与图纸、整定单相符。

3）保护与其相关保护联动逻辑试验应正确。

4）检查显示屏各类故障报文显示和模拟的故障应一致，显示屏显示的动作信息应完全正确。

5）保护装置动作后，检查后台机、故障录波器的动作情况，后台机的动作信息应完全正确。

换流变压器保护屏整组传动试验（含三取二出口逻辑）见表 2 - 39。

表 2 - 39　　　　　　　　换流变压器保护屏整组传动试验

仪表名称	微机保护测试仪（型号：A430E）	
试验条件	各电气元件单体调试完成，二次电缆施工完成，具备带电条件	
序号	试验项目	结论
1	各套保护加入同一额定电流、电压	相别与相位应正确
2	模拟瞬时故障，各保护能同时动作出口	均应同时正确动作
3	投上出口压板，模拟单相、三相瞬时故障及非电量跳闸动作	断路器相应的跳闸线圈应正确动作（应符合三取二逻辑）
4	保护动作后启动故障录波，上传保护报文，启动监控信号	应正确
5	断路器手动合闸时模拟瞬时故障	断路器应都正常、无跳跃
6	气压低时，手动分合各侧断路器	断路器应能正确闭锁、不动作
7	手动分合断路器，测量分合闸线圈两端电压	压降应不小于额定电压的90%
8	断路器"防跳"功能	功能应正常
9	从换流变压器本体实际模拟非电量输入	相应非电量保护应正确动作（符合三取二逻辑）
10	保护各开关量输入	应符合设计要求
11	各保护压板、操作把手名称和位置符号	应正确
12	保护跳闸"三取二"逻辑	应正确

（6）换流变压器保护屏电流互感器（TA）、电压互感器（TV）二次回路检查见表2-40。

表 2-40 换流变压器保护屏 TA、TV 二次回路检查

仪表名称	微机保护测试仪（型号：A430E）				
试验条件	在被保护设备的断路器、电流互感器及电压回路与其他单元设备的回路完全断开后方可进行				
检查位置	检查项目	网侧首端	网侧末端	阀侧首端	阀侧尾端
A、B、C相换流变压器套管式电流互感器极性布置	电流互感器二次绕组极性使用和调整情况	一次绕组极性端 P1 指向换流变压器，二次绕组 1S、2S、3S、4S、5S、6S 与一次绕组应为正极性关系	一次绕组极性端 P1 指向换流变压器，二次绕组 1S、2S、3S、4S、5S 与一次绕组应为正极性关系	一次绕组极性端 P1 指向换流变压器，二次绕组 1S、2S、3S、4S 与一次绕组应为正极性关系	一次绕组极性端 P1 指向换流变压器，二次绕组 1S、2S、3S、4S 与一次绕组应为正极性关系
A、B、C相换流变压器套管式电流互感器接线盒	各绕组准确度及使用情况	应正确	应正确	应正确	应正确
	各绕组二次接线压接情况	应可靠	应可靠	应可靠	应可靠
A、B、C相换流变压器电流互感器附件端子箱	接线情况	应正确			
	接线压接情况	应可靠			
	各绕组接地点和接地状况	所有套管电流接地点均在三相汇控柜			
中性点电流互感器极性布置	电流互感器二次绕组极性的使用和调整情况	一次绕组极性端 P1 靠变压器，二次绕组 1S、2S 与一次绕组为减极性关系		一次绕组极性端 P1 靠变压器，二次绕组 3S、4S 与一次绕组为减极性关系	
中性点电流互感器接线盒	各绕组准确度及使用情况	应正确			
	各绕组二次接线压接情况	应可靠			
GIS 电流互感器汇控柜	接线情况	应正确			
	接线压接情况	应可靠			
	各绕组接地点和接地状况	各绕组分别且只有一点接地，各接地点位置为 1S、2S、3S 在 GIS5011 断路器汇控柜		各绕组分别且只有一点接地，各接地点位置为 1S、2S、3S 在 GIS5011 断路器汇控柜	

仪表名称	微机保护测试仪（型号：A430E）				
试验条件	在被保护设备的断路器、电流互感器及电压回路与其他单元设备的回路完全断开后方可进行				
检查位置	检查项目	网侧首端	网侧末端	阀侧首端	阀侧尾端
GIS 断路器汇控柜	接线情况	应正确			
	接线压接情况	应可靠			
换流变压器网侧电压互感器端子箱	接线情况	应正确			
	接线压接情况	应可靠			
极 1A、B、C 汇控柜	接线情况	应正确			
	接线压接情况	应可靠			
保护、接口柜、故障录波等二次装置	接线情况	应正确			
	接线压接情况	应可靠			

2.6　直流测量设备调试

直流测量装置包括电流互感器和直流分压器。电流互感器是电力系统运行中进行电量计量和继电保护的重要设备，为电力系统中的计量、继电保护、控制与监视单元提供输入信号，其精度及可靠性与电力系统的安全、可靠和经济运行密切相关。而传统的电流互感器已经不能满足直流电流的测量要求，因此电子式电流互感器得到较快发展，本文介绍的光式电流互感器（optical current transformer，OCT）是一种基于法拉第磁光效应用于电流测量的调制光干涉仪。

直流分压器采用阻容分压的原理，可将大电压转化成小电压供控制保护装置使用。

2.6.1　光式电流互感器原理

（1）光学原理。

1）光的分类。

a. 自然光。太阳、电灯等普通光源发出的光，包含着在垂直于传播方向上沿一切方向振动的光，而且沿着各个方向振动的光波的强度都相同。

b. 线偏振光。在光的传播方向上，光矢量只沿一个固定的方向振动，这种光称为平面偏振光引，光矢量端点的轨迹为一直线。

c.圆偏振光。光的振动的大小不随时间变化，而方向随时间而不断变化。图 2-9 为几种光的示意图。

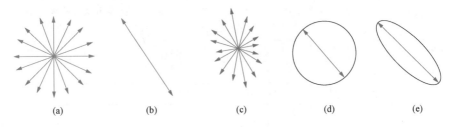

图 2-9　几种光的示意图

(a) 自然光；(b) 线偏振光；(c) 部分偏振光；(d) 圆偏振光；(e) 椭圆偏振光

2）光学理论。

a. 法拉第磁光效应。当线偏振光在介质中传播时，若在平行于光的传播方向上加一磁场，则光振动方向将发生偏转，偏转角度与磁场强度和光穿越介质的长度的乘积成正比，偏转方向取决于介质性质和磁场，上述现象称为法拉第效应或磁致旋光效应。

b. 萨格纳克干涉原理。将同一光源发出的一束光分解为两束，让它们在同一个环路内沿相反方向循行一周后会合，然后在屏幕上产生干涉，当在环路平面内有旋转角速度时，屏幕上的干涉条纹将会发生移动，这就是萨格纳克效应。

c. 安培环路定理。沿任何一个区域边界对磁场矢量进行积分，其数值等于通过这个区域边界内的电流的总和。因此，对于闭合路径之外的带电导体，由于区域边界对磁场矢量进行积分为零，偏转角为

$$\theta = V \times \int H \cdot dL = 0$$

(2) OCT 结构及原理。OCT 的主要组成部分包括光电信号处理单元、偏振器、调制器、传感光纤、1/4 波片、光纤反射镜等，如图 2-10 所示。

1）光电信号处理单元主要包括光源、光探测器、信号处理单元。光源发出自然光，光探测器接收返回的光信号，经信号处理单元计算得出系统电流的大小。

2）偏振器。光源发出的自然光经偏振器转化为线偏振光，线偏振光经 45° 光纤熔接转化成两束相互垂直的线偏振光。

3）调制器由压电陶瓷和调制光纤组成，通过压电陶瓷的特性，改变光程。

4）1/4 波片。光学器件，主要作用是改变光的偏振态，实现线偏振光与圆偏振光之间的转换，如图 2-11 所示；光纤 1/4 波片是通过取 1/4 拍长的双折射光纤和传输光纤的光轴成 45°做成的。线偏振光振动方向与 1/4 波片成 45°，出

射为圆偏振光；圆偏振光通过 1/4 波片后，变为线偏振光。

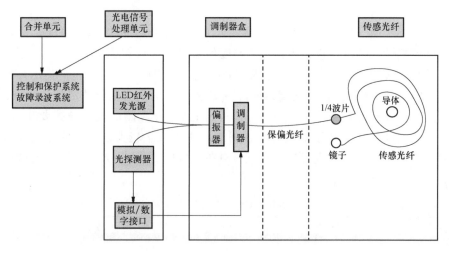

图 2-10　OCT 系统结构示意图

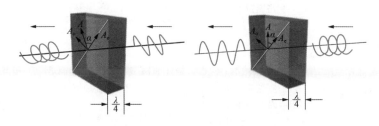

图 2-11　1/4 波片作用示意图

　　根据安培环路定理可知一次设备主通流回路会产生垂直于导通回路的磁场，该磁场平行于 OCT 光纤环，根据法拉第磁光效应两束圆形偏振光在平行于光路的磁场作用下，发生偏振，改变了两束圆形偏振光的传播速度，两束圆形偏振光产生了行程差，根据萨格纳克干涉原理，两束相干光波的光程差任何变化都会非常灵敏地导致其干涉后光功率的改变。通过干涉光功率的变化可测量光程微小改变量，从而测得与此有关的物理量。

2.6.2　直流 OCT 调试项目

　　（1）外观检查。新生产的直流电流互感器外观应完好，名牌上应明确标明产品名称、型号、制造厂名和国家、出厂编号、额定一次电压和电流、额定绝缘水平、准确度等级或准确度指标、额定变比、采样频率、额定短时热电流、出厂日期、总质量等信息，一次电流输入端钮、二次转换器输出端钮、接地端钮、远端模块、正负极性应有明显标志。

（2）零漂检查。直流电流互感器在未通流的情况下，检查相应合并单元的电流显示值，以及相关保护、测控、故障录波装置，其零漂应不超过额定电流的±1%。

（3）一次通流检查。主通流回路注入 0.1、0.5、1.0 倍额定电流，检查电流互感器极性与精度，极性应正确，精度偏差不大于 0.5%。

试验接线应注意：TA 一次注入直流电流，各测点检查相应电流显示，检查极性；电流从 P1 流入显示电流为正，P2 流入显示为负，实际注流按一次 P1 端正向注流。互感器所在的一次部分与一次回路断开；测试设备应按要求接地，一次电流测试导线应在正端接地，否则测试时将带来较大误差；变更接线前或试验结束时，试验人员应首先断开试验电源、放电。直流 OCT 一次通流试验见表 2 - 41。

表 2 - 41　　　　　　　　　　　直流 OCT 一次通流试验

一次本体安装位置	编号	去向	记录（A）		
阀厅内直流线路出口	P1. TDB1	极Ⅰ直流线路测量装置合并单元柜 A	极 1 直流故录 2	极 1 直流母线保护柜 A	极 1 直流线路保护柜 A
			测量值误差应不大于 0.5%	测量值误差应不大于 0.5%	测量值误差应不大于 0.5%
		极Ⅰ直流线路测量装置合并单元柜 B	极 1 直流故录 2	极 1 直流母线保护柜 B	极 1 直流线路保护柜 B
			测量值误差应不大于 0.5%	测量值误差应不大于 0.5%	测量值误差应不大于 0.5%
		极Ⅰ直流线路测量装置合并单元柜 C	极 1 直流故录 2	极 1 直流母线保护柜 C	极 1 直流线路保护柜 C
			测量值误差应不大于 0.5%	测量值误差应不大于 0.5%	测量值误差应不大于 0.5%

（4）直流耐压试验。

1）试验目的。为检验高压直流电流测量装置的绝缘性能，应对测量装置开展直流耐压试验。

2）试验条件。

a. 被试直流电流测量装置安装已完成，表面清洁无破损；

b. 被试直流电流测量装置常规试验已完成且结果合格；

c. 被试直流电流测量装置与外部极线或中性线之间尚未接线，或线路连接已断开；

d. 现场试验安全距离不低于 9m；

e. 试验时天气良好，被试品周围温度不低于 +5℃，空气相对湿度不高于 80%；

f. 现场距被试直流电流测量装置 80m 范围内能提供 64A、380V 交流电源。

3）试验方法。耐压值为出厂试验值的 80%，即对于出厂试验值为 825kV 的试品，现场耐压值为 660kV；对于出厂试验值为 225kV 的试品，现场耐压值为 180kV，耐压时间均为 5min。

4）试验流程。

a. 按照高压试验要求进行接线，经检查无误后，合上试验电源；

b. 平缓升压，在升压过程中先用粗调进行加压，在接近耐压值时微调电压，当达到耐压值时启动 5min 倒计时，保持电压稳定；

c. 倒计时结束后缓慢降压至零，并断开试验装置电源，对被试品进行充分放电。

5）试验判断标准。在达到耐压试验电压值后，保持在试验电压值 ±3% 范围内，在规定耐压时间内，若电流测量装置未发生破坏性放电和外部闪络，则认为被试装置直流耐压试验通过。

2.6.3　直流分压器原理

直流分压器为电容补偿的电阻分压器，由高压臂、低压臂组成，高压臂包括高压臂电容 C_1、高压臂电阻 R_1，低压臂包括低压臂电容 C_2、低压臂电阻 R_2，如图 2-12 所示，通过阻容分压，将一次大电压转化为二次小电压。

此时高压臂阻抗 Z_1 为

$$Z_1 = \frac{R_1 \times \frac{1}{\mathrm{j}wC_1}}{R_1 + \frac{1}{\mathrm{j}wC_1}} \qquad (2-1)$$

低压臂阻抗 Z_2 为

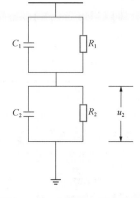

图 2-12　直流分压器原理图

$$Z_2 = \frac{R_2 \times \frac{1}{\mathrm{j}wC_2}}{R_2 + \frac{1}{\mathrm{j}wC_2}} \qquad (2-2)$$

输出电压 u_2 与输入电压 u_1 之比为

$$\frac{u_2}{u_1} = \frac{Z_2}{Z_1 + Z_2} = \frac{R_2}{R_1 + R_2\left(\dfrac{1 + \mathrm{j}wC_2R_2}{1 + \mathrm{j}wC_1R_1}\right)} \tag{2-3}$$

从式（2-3）中可以看出，在高频段下电容分主导分压比，在低频段下由电阻分压主导。当 $C_2R_2 = C_1R_1$ 时，能够使被测电压各种频率分量顺利通过，并能够以同一个变比传至下一级，保证被测信号不失真，具有良好的频率特性。

低压臂再通过合并单元中的二次分压板进行二次分压，二次分压后经隔离装置后输入到控保装置，如图 2-13 所示。

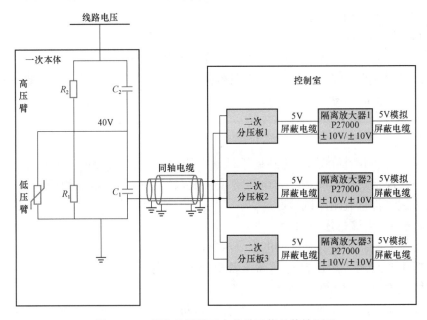

图 2-13　直流分压器至合并单元信号传输原理

2.6.4　直流分压器调试项目

直流分压器调试项目如下：

（1）外观检查。新生产的直流电压互感器外观应完好，名牌上应明确标明产品名称、型号、制造厂名和国家、出厂编号、额定一次电压、额定绝缘水平、准确度等级或准确度指标、额定变比或额定输出电压、出厂日期、总质量等信息。一次电压输入端钮、二次转换器输出端钮、接地端钮、远端模块、正负极应有明显的标志。

（2）绝缘检查。绝缘检查试验在直流电压互感器整体上进行，环境条件和试验方法按照 GB/T 16927.1—2011《高电压试验技术　第 1 部分：一般定义及试验要求》的规定，直流电压互感器应能承受 5min、1.2 倍额定直流电压的耐压试验而无闪络或击穿现象。试验电压下降到工作电压范围内，仍然能保持原有准确度。

（3）零漂检查。直流电压互感器在未试压的情况下，检查相应合并单元的电压显示值，其零漂应不超过±0.05V。

（4）一次加压试验。直流分压器通过一次加压试验验证直流分压器极性、精度，一次加压试验见表 2-42。

表 2-42　　　　　　　　　直流分压器一次加压试验

一次加压检查					
一次本体安装位置	编号	去向	记录（kV）		
机 I 极母线	P1. WPB. U1	极 I 公共母线测量装置合并单元柜 A	极 1 直流故录 1	极 1 直流母线保护柜 A	直流站控 A
			测量值误差应不大于 5%	测量值误差应不大于 5%	测量值误差应不大于 5%
		极 I 公共母线测量装置合并单元柜 B	极 1 直流故录 1	极 1 直流母线保护柜 A	直流站控 A
			测量值误差应不大于 5%	测量值误差应不大于 5%	测量值误差应不大于 5%
		极 I 公共母线测量装置合并单元柜 C	极 1 直流故录 1	极 1 直流母线保护柜 A	直流站控 A
			测量值误差应不大于 5%	测量值误差应不大于 5%	测量值误差应不大于 5%

（5）SF_6 气体组分检查。直流分压器采用 SF_6 气体绝缘，SF_6 气体组分检查见表 2-43。

表 2-43　　　　　　　直流分压器 SF_6 气体组分检查

试验项目	试验结果
SF_6 气体微水含量测试	SF_6 气体微水分含量应小于 $250\mu L$
SF_6 气体纯度测试	SF_6 气体纯度应不小于 99.8%

（6）SF_6 气体密度继电器检查。直流分压器采用 SF_6 气体绝缘，一旦 SF_6 气体泄漏，直流分压器存在绝缘击穿的风险，因此通过 SF_6 气体密度继电器对 SF_6 压力进行监视，SF_6 气体密度继电器检查见表 2-44。

第2章

表 2 - 44 直流分压器 SF_6 气体密度继电器检查

SF₆气体密度继电器检查				
使用位置	额定值（MPa）	报警值（MPa）		闭锁值（MPa）	
正极母线电压测量装置1号气室	0.30	标称值 0.27	实测值误差不大于±2.5%	标称值 0.24	实测值误差不大于±2.5%
正极母线电压测量装置2号气室	0.30	标称值 0.27	实测值误差不大于±2.5%	标称值 0.24	实测值误差不大于±2.5%
正极母线电压测量装置3号气室	0.30	标称值 0.27	实测值误差不大于±2.5%	标称值 0.24	实测值误差不大于±2.5%

第 3 章

现场分系统调试

柔性直流换流站分系统调试是工程启动运行前最后一道工序，是检验一、二次设备之间及工程功能正确完备与否的关键工序。换流站分系统调试试验项目和类别繁多，本章主要介绍核心设备的分系统调试，主要包括换流阀分系统调试、直流断路器分系统调试、直流控制保护系统分系统调试、交流耗能装置分系统调试等。

3.1 换流阀分系统调试

换流阀是柔性直流输电系统中实现交流和直流能量转换的核心设备，柔直阀由子模块级联构成，通过控制每个桥臂投入子模块的个数，来实现整流和逆变。

3.1.1 子模块低压加压试验

子模块是构成柔性直流换流阀的基本单元，因此子模块的可靠性直接关系到整个系统的稳定运行。对换流阀子模块进行功能测试，可更好地评估换流阀子模块的健康状态，及时发现"黑模块"、旁路开关拒动、IGBT 失效等问题。

（1）试验目的。为同期验证子模块功能与子模块至阀控通信功能，特开展子模块的低压加压试验。

（2）试验原理。测试设备的电路连接示意如图 3-1 所示，子模块中控板通过光纤连接至阀基控制装置（valve base control，VBC）具备相应的检修模式，能实现对上述功能的自动测试，同时自动生成测试报告。为提高现场测试效率，现场可对多个模块同时测试。低压加压装置输出直流电压 750V，低压加压装置输出的直流电压施加在子模块两端为电容充电，后台检测子模块电压有效时判定为待测模块，并实时显示待测模块的电压和状态。自动测试开始后，VBC 根据自动检测被测的模块位置，分

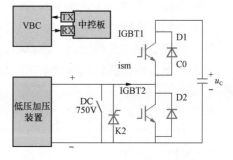

图 3-1 试验电路连接示意图

别进行功能测试。

（3）试验内容。子模块低压加压测试内容包括通信测试、版本号测试、电压采集测试、上下管导通测试、旁路开关功能测试。

1）软件版本号测试。由阀控下发子模块版本号测试，并核对子模块版本是否与后台设置一致。

2）电压采集测试。由阀控读取子模块电压，并判断电压是否与后台设置的值一致。

3）上下管导通测试。对桥臂所有子模块执行周期为 100ms 的导通、切除操作，检测 IGBT 开通关断过程中是否有故障回报。

4）通信测试。由阀控对子模块通信状态（含上下行各 1min）进行判断，并输出判断结果给后台。

5）旁路开关合闸功能测试。子模块其他功能测试项目合格后，给子模块掉电，模拟子模块欠电压故障，闭合旁路开关，验证旁路开关合闸功能。

（4）试验条件。柔直换流阀低压加压测试需具备以下条件：

1）柔直换流阀完成阀塔整体安装、水管连接、光纤敷设等工作。

2）柔直阀塔完成水路检查，水系统通水压力检查。

3）柔直阀塔完成光纤衰减测试。

4）柔直换流阀阀控完成上电检查，具备上电条件。

5）阀塔交流进线侧与直流母线侧未接地，若已接地，阀塔与交流进线之间、阀塔与直流母线之间须拆出明显断口。

6）阀塔换线人员、阀塔下设备操作人员、阀控后台人员应有对讲机可保证实时沟通。

7）试验需要施工方配合测试接线，试验区域设置安全围栏。

（5）试验方法。柔直换流阀低压加压试验方法如下：

1）检查子模块旁路开关分合闸状态。

2）确认阀控运行状态，操作本地按钮进入检修模式。

3）打开子模块低压加压试验后台，进行相关设置。

4）待阀控就绪，阀塔下试验人员操作低压加压试验设备给子模块上电。

5）阀控试验人员单击自动测试按钮，进行子模块功能逐项测试。

6）上下行通信测试完成后，关闭低压加压试验设备电压输出，子模块开始掉电。

7）子模块旁路开关闭合，查看测试结果，生成并保存试验报告。

8）待子模块电容电压泄放为 0 后，告知阀塔上试验人员将测试导线换至下一级子模块。

9）重复 4）～7）操作，进行下一级子模块低压加压测试。

（6）试验结果及分析。极Ⅰ柔直换流阀低压加压试验结果见表 3-1。

表 3-1　　　　　　　　　极Ⅰ柔直换流阀低压加压试验结果

测试项	测试结果
模块软件版本	2.02
模块软件版本测试结果	合格
模块采集电压	500V
模块电压测试结果	合格
模块上下管导通测试结果	合格
上行通信故障计数	0
上行通信测试结果	合格
下行通信故障计数	0
下行通信测试结果	合格
旁路开关闭合状态	20489
旁路开关测试结果	合格
测试总结果	合格
故障代码 1	0
故障代码 2	0
故障代码 3	0

3.1.2　光纤衰减试验

换流阀由大量的子模块级联而成，每一个子模块都要通过光纤与阀控通信，因此有必要对光纤进行光衰测试。光纤衰减试验可在插接光纤时完成。

（1）试验目的。检查子模块与阀控的光纤衰减是否符合要求。

（2）试验方法。将被测光纤的一端连接光源，一端连接光功率计。选择适合被测光纤的波长，待光源发射的光信号稳定后，读取光功率计显示的数值。

（3）试验判据。光纤衰减值满足要求。此光纤衰减值是由厂家在场内经过试验、仿真等得出的结论。

3.1.3　阀控设备试验

阀控即换流阀二次设备，用于实现换流阀子模块的控制、换流阀本体保护等。

（1）后台通信试验。

1）试验目的。检查监控后台是否正常工作，阀控系统是否监视正常。

2）试验方法。

a. 检查监控后台的进程与软件是否正常运行，阀控装置信息是否正常上送；

b. 模拟阀控装置通信故障、装置故障等，检查故障信息是否正常上送；

c. 按厂家提供阀控装置关键信号表，检查监控后台关键信号是否提供完整。

3）试验判据。

a. 监控后台正常运行，阀控装置信息正常上送；

b. 模拟通信故障、装置故障等，故障信息正常上送；

c. 监控后台关键信号提供完整，关键信号见表 3-2。

表 3-2   阀 控 关 键 信 号 表

信号类型	信号名称
跳闸信号	阀控请求极控制（pole control，PCP）跳闸
	阀控桥臂不平衡过电流跳闸
	A/B/C 相上桥臂请求跳闸
	A/B/C 相下桥臂请求跳闸
	阀控制机箱请求跳闸
故障信号	阀控接收 PCP 主备信号故障
	阀控接收同主信号超时
	阀控自检故障
	阀控与控制保护系统数据通信故障
运行状态信号	换流阀充电完成
	阀正在充电状态
	阀控主动状态
	阀控接收 PCP 下发换流阀解锁命令
	阀控接收 PCP 下发换流阀闭锁命令
	阀控接收 PCP 下发换流阀交流充电模式
	阀控接收 PCP 下发晶闸管触发命令
	阀控接收 PCP 下发换流阀直流充电模式

（2）光纤通信试验。

1）试验目的。光纤通信状态信号由装置内部或装置之间通过光纤发送和接收，需要测试通信状态的发送和接收是否正确。

2）试验方法。通过插拔控制装置之间、控制装置与保护装置之间的光纤，在插拔过程中注意保护光纤头清洁，试验完毕后保证恢复位置正确，光纤插拔记录见表 3-3。

表 3-3　　　　　　　　　　　　阀控光纤插拔记录表

拔出	完成情况	插入	完成情况
控制装置 A 与控制装置 B 之间的光纤		控制装置 A 与控制装置 B 之间的光纤	
控制装置 A 与保护三取二装置 A 之间的光纤		控制装置 A 与保护三取二装置 A 之间的光纤	
控制装置 A 与保护三取二装置 B 之间的光纤		控制装置 A 与保护三取二装置 B 之间的光纤	
保护三取二装置 A 与保护装置 A 之间的光纤		保护三取二装置 A 与保护装置 A 之间的光纤	
保护装置 B 与合并单元 B 之间的光纤		保护装置 B 与合并单元 B 之间的光纤	
控制装置 B 与极控 PCPB 之间的光纤		控制装置 B 与极控 PCPB 之间的光纤	

3）试验判据。插拔光纤过程中，监控后台上送事件，对应光纤的通信正常动作。

（3）定值及软件版本检查。检查阀控系统各机箱/插件的定值、软件版本号及校验码（如有），与阀控最终提交的定值、软件版本号及校验码（如有）相一致。

（4）故障录波功能试验。检查监视系统故障录波是否正常，录波文件是否正常上送。

1）通过监控后台，手动录波触发，检查录波文件是否正常上送；

2）模拟阀控系统故障，观察故障录波是否正常触发，录波文件是否正确上送；

3）检查录波量描述是否清晰，模拟量是否为一次标准量。

（5）冗余系统切换试验。

试验目的：检查阀控系统主备切换功能是否正常，无异常告警。

1）阀控系统通过手动切换，进行 A、B 冗余系统之间的切换，系统切换过程中各装置和板卡指示灯状态正常，监控后台中系统切换事件正确上报，无异常告警。

2）阀控系统通过模拟故障自动切换等进行 A、B 冗余系统之间的切换，系统切换过程中各装置和板卡指示灯状态正常，监控后台中系统切换事件正确上报，无异常告警。

（6）运行检修模式试验。

1）试验目的。检查阀控系统运行和检修状态下功能是否正常，模式切换是否正常。

2）试验方法。

a. 手动对运行、检修模式进行切换，观察切换是否正常，观察监控后台与录波文件是否正常；

b. 阀控系统检修模式下，对单个或多个子模块进行解锁上下管 IGBT、电压采集、中控板版本查看、触发旁路开关（一次性旁路开关除外）、通信检查。

3）试验判据。

a. 阀控系统运行检修状态模式切换正常；

b. 阀控系统可正常解锁上下管 IGBT、电压采集正常、中控板版本正确、可靠触发旁路开关（一次性旁路开关除外）、通信正确无误码。

（7）电源试验。

1）试验目的。检查屏柜所需交直流电源是否正常，上电后供电系统与屏柜是否正常。

2）试验方法。

a. 检查屏柜空气开关前的直流电源极性是否正确，电压幅值是否在正常范围内；闭合直流空气开关，检查带负荷后电压幅值是否在正常范围内。

b. 检查屏柜空气开关前的交流电源电压幅值是否在正常范围内；闭合交流空气开关，检查带负荷后电压幅值是否在正常范围内。

c. 屏柜内装置逐个上电，应检查装置绝缘电阻，应在施加 $500\text{V}\times(1\pm10\%)$ 的直流电压达到稳态值至少 5s 后确定绝缘电阻，应不小于 10MΩ。

3）试验判据。

a. 直流电源极性正确，在空载、带负荷工况下均在正常工作电压范围内；

b. 交流电源在空载、带负荷工况下均在正常工作电压范围内；

c. 屏柜整体带电前，装置绝缘电阻测试均满足要求。

3.1.4 换流阀外观检查

外观检查针对阀塔、阀段、子模块、水路和在现场安装螺母力矩检查见表 3-4。

表 3 - 4　　　　　　　　　　换流阀外观检查项目及要求

外观检查		
试验项目	试验方法	试验判据
阀塔检查	1) 阀塔整体外观。 2) 阀塔标示。 3) 阀塔支撑绝缘子及层间绝缘子。 4) 屏蔽罩及等电位线。 5) 阀塔与阀塔或者交直流母线连接	1) 阀塔外观完好无损，无遗留工具和异物，无水及污渍。 2) 阀塔标示准确无误。 3) 阀塔支撑绝缘子及层间绝缘子伞裙无外观破损，绝缘子表面无裂纹。 4) 屏蔽罩及等电位线连接正确、可靠，用万用表测量小于 1Ω。 5) 阀塔与阀塔或者交直流母线正确连接，接触电阻小于 10μΩ
阀段检查	1) 阀段整体外观。 2) 阀段等电位线。 3) 备用光纤接头等电位连接	1) 阀段外观完好无损，无遗留工具和异物，无水及污渍。 2) 阀段等电位线连接正确可靠，用万用表测量小于 1Ω。 3) 备用光纤接头等电位连接可靠，用万用表测量小于 1Ω
子模块检查	1) 子模块整体外观。 2) 连接母排力矩标示线。 3) 子模块光纤编号。 4) 光纤外观、弯曲半径。 5) 光纤槽盒固定及连接	1) 子模块外观完好无损，无遗留工具和异物，无水及污渍。 2) 连接母排各个螺钉力矩标示线无位移。 3) 子模块光纤编号正确。 4) 光纤表皮无老化、破损、变形现象，光纤弯曲半径不小于 50mm
水路检查	1) 水路整体外观。 2) 水管接头。 3) 水路蝶阀。 4) 排气阀、主水管等电位线	1) 水路外观完好无损，无异物，无水及污渍，水管固定可靠、无接触摩擦现象。 2) 水管接头无松动，符合力矩要求。 3) 水路蝶阀可正常开关，无松动。 4) 排气阀、主水管等电位线连接可靠，用万用表测量小于 1Ω
力矩检查	1) 结构件紧固检查。 2) 水路紧固检查	1) 结构件复检按照 80% 力矩检验，并画不同颜色的标示线。 2) 水路接头复检按照 60%～80% 力矩检验，并画不同颜色的标示线

第 3 章

3.1.5 换流阀水系统检查

换流阀水系统检查是针对水系统压力、流量、电导率和排气阀的检查，见表 3-5。

表 3-5 水系统检查项目及要求

试验项目	试验方法	试验判据
压力检查	水系统加压到设计压力值，并维持一定时间	水路蝶阀、排气阀、各个接头处无渗漏
流量检查	阀塔主水管流量测量	流量满足设计值
水电导率检查	查看水系统电导率	满足设计值，小于 $0.5\mu S/cm$
排气阀检查	排气阀外观及功能	打开排气阀时可靠排气，无漏水；关闭排气阀后在最大水压下无漏水

3.2 直流断路器分系统调试

直流断路器分系统调试主要针对直流断路器控制系统（DC breaker control，DCBC），DCBC 采用双重化配置，是断路器整个动作及状态监视的核心装置，对上与直流控制保护系统进行通信接收直流断路器的分合闸命令，对下驱动主支路控制装置、转移支路控制装置实现对断口的分合闸控制，同时通过各类装置对主支路、耗能支路、转移支路进行状态监视，如图 3-2 所示。直流断路器本体保护装置三重化配置，主要实现主支路过电流保护及合闸过电流保护两大功能，保护装置通过三取二并与 DCBC 进行交叉冗余连接。

3.2.1 直流断路器控制保护系统外部接口通信

DCBC 与直流控制保护系统中的直流站控装置（DC control，DCC）、直流母线保护三取二装置（Bus 2 of 3 Logic，B2F）、直流极保护三取二装置（Pole 2 of 3 Logic，P2F）、直流线路三取二装置（Line 2 of 3 Logic，L2F）、换流变压器保护三取二装置（Line 2 of 3 Logic，T2F）交叉冗余连接，DCBC 执行直流控制保护系统下发的分合闸指令，同时上送直流断路器运行状态至直流控制保护系统。

进行 DCBC 与 DCC 通信测试时，每项试验前 DCBC 与 DCC 应无故障，DCC A 为值班状态，DCBC A 为值班状态，试验结果见表 3-6。

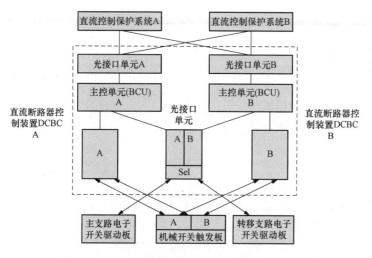

图3-2 断路器二次系统框架图

表3-6   DCBC 与 DCC 通信测试

DCBC 与 DCC 通信测试			
序号	试验项目	试验内容	试验结果
1	DCBC A 上行至 DCC A 通信测试（DCBC A 为断路器控制值班主机，DCC A 为站控值班主机，余同）	断开 DCBC A 上行至 DCC A 通信光纤	1）DCBC A 装置显示 DCC A 接收 DCBC A 装置通信断链。 2）监控后台显示 DCBC A 上行至 DCC A 通信中断。 3）DCBC A 装置严重故障，主备切换，切换后 DCBC A 变为轻微故障；DCC A 不报故障
2	DCBC A 上行至 DCC B 通信测试	断开 DCBC A 上行至 DCC B 通信光纤	1）DCBC A 装置显示 DCC B 接收 DCBC A 装置通信断链。 2）监控后台显示 DCBC A 上行至 DCC B 通信中断。 3）DCBC A 装置轻微故障，主备切换；DCC B 不报故障
3	DCBC B 上行至 DCC A 通信测试	断开 DCBC B 上行至 DCC A 通信光纤	1）DCBC B 装置显示 DCC A 接收 DCBC B 装置通信断链。 2）监控后台显示 DCBC B 上行至 DCC A 通信中断。 3）DCBC B 装置轻微故障，主备不切换

DCBC 与 DCC 通信测试			
序号	试验项目	试验内容	试验结果
4	DCBC B 上行至 DCC B 通信测试	断开 DCBC B 上行至 DCC B 通信光纤	1）DCBC B 装置显示 DCC B 接收 DCBC B 装置通信断链。 2）监控后台显示 DCBC B 上行至 DCC B 通信中断。 3）DCBC B 装置轻微故障，主备不切换
5	DCC A 下行至 DCBC A 通信测试	断开 DCC A 下行至 DCBC A 通信光纤	1）DCBC A 装置显示接收 DCC A 装置通信断链。 2）监控后台显示 DCC A 下行至 DCBC A 通信中断。 3）DCBC A 装置严重故障，主备切换，切换后 DCBC A 变为轻微故障；DCC A 不报故障
6	DCC A 下行至 DCBC B 通信测试	断开 DCC A 下行至 DCBC B 通信光纤	1）DCBC B 装置显示接收 DCC A 装置通信断链。 2）监控后台显示 DCC A 下行至 DCBC B 通信中断。 3）DCBC B 装置轻微故障，主备不切换
7	DCC B 下行至 DCBC A 通信测试	断开 DCC B 下行至 DCBC A 通信光纤	1）DCBC A 装置显示接收 DCC B 装置通信断链。 2）监控后台显示 DCC B 下行至 DCBC A 通信中断。 3）DCBC A 装置轻微故障，主备切换
8	DCC B 下行至 DCBC B 通信测试	断开 DCC B 下行至 DCBC B 通信光纤	1）DCBC B 装置显示接收 DCC B 装置通信断链。 2）监控后台显示 DCC B 下行至通信 DCBC B 中断。 3）DCBC B 装置轻微故障，主备不切换
9	DCBC A 上行至 DCC A、DCC B 通信测试	断开 DCBC A 上行至 DCC A、DCC B 通信光纤	1）DCBC A 紧急故障退出值班状态，退出备用状态，主备切换。 2）监控后台显示 DCBC A 上行至 DCC A 通信中断，DCBC B 上行至 DCC B 通信中断
10	DCBC B 上行至 DCC A、DCC B 通信测试	断开 DCBC B 上行至 DCC A、DCC B 通信光纤	1）DCBC B 紧急故障退出备用状态。 2）监控后台显示 DCBC B 上行至 DCC A 通信中断，DCBC B 上行至 DCC B 通信中断

DCBC 与 B2F 通信测试见表3-7。

表 3-7　　　　　　　　　　　DCBC 与 B2F 通信测试

序号	试验项目	试验内容	试验结果
1	DCBC A 上行至 B2F_A 通信测试	断开 DCBC A 上行至 B2F_A 通信光纤	1）DCBC A 装置显示 B2F_A 接收 DCBC A 装置通信断链。 2）监控后台显示 DCBC A 上行至 B2F_A 通信测试中断
2	DCBC A 上行至 B2F_B 通信测试	断开 DCBC A 上行至 B2F_B 通信光纤	1）DCBC A 装置显示 B2F_B 接收 DCBC A 装置通信断链。 2）监控后台显示 DCBC A 上行至 B2F_B 通信测试中断
3	DCBC B 上行至 B2F_A 通信测试	断开 DCBC B 上行至 B2F_A 通信光纤	1）DCBC B 装置显示 B2F_A 接收 DCBC B 装置通信断链。 2）监控后台显示 DCBC B 上行至 B2F_A 通信测试中断
4	DCBC B 上行至 B2F_B 通信测试	断开 DCBC B 上行至 B2F_B 通信光纤	1）DCBC B 装置显示 B2F_B 接收 DCBC B 装置通信断链。 2）监控后台显示 DCBC B 上行至 B2F_B 通信测试中断
5	B2F_A 下行至 DCBC A 通信测试	断开 B2F_A 下行至 DCBC A 通信光纤	1）DCBC A 装置显示 DCBC A 接收 B2F_A 装置通信断链。 2）监控后台显示 B2F_A 下行至 DCBC A 通信测试中断
6	B2F_A 下行至 DCBC B 通信测试	断开 B2F_A 下行至 DCBC B 通信光纤	1）DCBC B 装置显示 DCBC B 接收 B2F_A 装置通信断链。 2）监控后台显示 B2F_A 下行至 DCBC B 通信测试中断
7	B2F_B 下行至 DCBC A 通信测试	断开 B2F_B 下行至 DCBC A 通信光纤	1）DCBC A 装置显示 DCBC A 接收 B2F_B 装置通信断链。 2）监控后台显示 B2F_B 下行至 DCBC A 通信测试中断
8	B2F_B 下行至 DCBC B 通信测试	断开 B2F_B 下行至 DCBC B 通信光纤	1）DCBC B 装置显示 DCBC B 接收 B2F_B 装置通信断链。 2）监控后台显示 B2F_B 下行至 DCBC B 通信测试中断

第 3 章

DCBC 与 P2F 通信测试见表 3-8。

表 3-8 DCBC 与 P2F 通信测试

序号	试验项目	试验内容	试验结果
1	DCBC A 上行至 P2F_A 通信测试	断开 DCBC A 上行至 P2F_A 通信光纤	1）DCBC A 装置显示 P2F_A 接收 DCBC A 装置通信断链。 2）监控后台显示 DCBC A 上行至 P2F_A 通信中断
2	DCBC A 上行至 P2F_B 通信测试	断开 DCBC A 上行至 P2F_B 通信光纤	1）DCBC A 装置显示 P2F_B 接收 DCBC A 装置通信断链。 2）监控后台显示 DCBC A 上行至 P2F_B 通信中断
3	DCBC B 上行至 P2F_A 通信测试	断开 DCBC B 上行至 P2F_A 通信光纤	1）DCBC B 装置显示 P2F_A 接收 DCBC B 装置通信断链。 2）监控后台显示 DCBC B 上行至 P2F_A 通信中断
4	DCBC B 上行至 P2F_B 通信测试	断开 DCBC B 上行至 P2F_B 通信光纤	1）DCBC B 装置显示 P2F_B 接收 DCBC B 装置通信断链。 2）监控后台显示 DCBC B 上行至 P2F_B 通信中断
5	P2F_A 下行至 DCBC A 通信测试	断开 P2F_A 下行至 DCBC A 通信光纤	1）DCBC A 装置显示 DCBC A 接收 P2F_A 装置通信断链。 2）监控后台显示 P2F_A 下行至 DCBC A 通信中断
6	P2F_A 下行至 DCBC B 通信测试	断开 P2F_A 下行至 DCBC B 通信光纤	1）DCBC B 装置显示 DCBC B 接收 P2F_A 装置通信断链。 2）监控后台显示 P2F_A 下行至 DCBC B 通信中断
7	P2F_B 下行至 DCBC A 通信测试	断开 P2F_B 下行至 DCBC A 通信光纤	1）DCBC A 装置显示 DCBC A 接收 P2F_B 装置通信断链。 2）监控后台显示 P2F_B 下行至 DCBC A 通信中断
8	P2F_B 下行至 DCBC B 通信测试	断开 P2F_B 下行至 DCBC B 通信光纤	1）DCBC B 装置显示 DCBC B 接收 P2F_B 装置通信断链。 2）监控后台显示 P2F_B 下行至 DCBC B 通信中断

DCBC 与 L2F 通信测试见表 3 - 9。

表 3 - 9　　　　　　　　　　　DCBC 与 L2F 通信测试

序号	试验项目	试验内容	试验结果
1	DCBC A 上行至 L2F_ A 通信测试	断开 DCBC A 上行至 L2F_ A 通信光纤	1）DCBC A 装置显示 L2F_A 接收 DCBC A 装置通信断链。 2）监控后台显示 DCBC A 上行至 L2F_A 通信中断
2	DCBC A 上行至 L2F_ B 通信测试	断开 DCBC A 上行至 L2F_ B 通信光纤	1）DCBC A 装置显示 L2F_B 接收 DCBC A 装置通信断链。 2）监控后台显示 DCBC A 上行至 L2F_B 通信中断
3	DCBC B 上行至 L2F_ A 通信测试	断开 DCBC B 上行至 L2F_A 通信光纤	1）DCBC B 装置显示 L2F_A 接收 DCBC B 装置通信断链。 2）监控后台显示 DCBC A 上行至 L2F_A 通信中断
4	DCBC B 上行至 L2F_ B 通信测试	断开 DCBC B 上行至 L2F_B 通信光纤	1）DCBC B 装置显示 L2F_B 接收 DCBC B 装置通信断链。 2）监控后台显示 DCBC B 上行至 L2F_B 通信中断
5	L2F_A 下行至 DCBC A 通信测试	断开 L2F_A 下行至 DCBC A 通信光纤	1）DCBC A 装置显示 DCBC A 接收 L2F_A 装置通信断链。 2）监控后台显示 L2F_A 下行至 DCBC A 通信中断
6	L2F_A 下行至 DCBC B 通信测试	断开 L2F_A 下行至 DCBC B 通信光纤	1）DCBC B 装置显示 DCBC B 接收 L2F_A 装置通信断链。 2）监控后台显示 L2F_A 下行至 DCBC B 通信中断
7	L2F_B 下行至 DCBC A 通信测试	断开 L2F_B 下行至 DCBC A 通信光纤	1）DCBC A 装置显示 DCBC A 接收 L2F_B 装置通信断链。 2）监控后台显示 L2F_B 下行至 DCBC A 通信中断
8	L2F_B 下行至 DCBC B 通信测试	断开 L2F_B 下行至 DCBC B 通信光纤	1）DCBC B 装置显示 DCBC B 接收 L2F_B 装置通信断链。 2）监控后台显示 L2F_B 下行至 DCBC B 通信中断

DCBC 与 T2F 通信测试见表 3 - 10。

表 3 - 10 DCBC 与 T2F 通信测试

序号	试验项目	试验内容	试验结果
1	DCBC A 上行至 T2F_A 通信测试	断开 DCBC A 上行至 T2F_A 通信光纤	1) DCBC A 装置显示 T2F_A 接收 DCBC A 装置通信断链。 2) 监控后台显示 DCBC A 上行至 T2F_A 通信中断
2	DCBC A 上行至 T2F_B 通信测试	断开 DCBC A 上行至 T2F_B 通信光纤	1) DCBC A 装置显示 T2F_B 接收 DCBC A 装置通信断链。 2) 监控后台显示 DCBC A 上行至 T2F_B 通信中断
3	DCBC B 上行至 T2F_A 通信测试	断开 DCBC B 上行至 T2F_A 通信光纤	1) DCBC B 装置显示 T2F_A 接收 DCBC B 装置通信断链。 2) 监控后台显示 DCBC A 上行至 T2F_A 通信中断
4	DCBC B 上行至 T2F_B 通信测试	断开 DCBC B 上行至 T2F_B 通信光纤	1) DCBC B 装置显示 T2F_B 接收 DCBC B 装置通信断链。 2) 监控后台显示 DCBC B 上行至 T2F_B 通信中断
5	T2F_A 下行至 DCBC A 通信测试	断开 T2F_A 下行至 DCBC A 通信光纤	1) DCBC A 装置显示 DCBC A 接收 T2F_A 装置通信断链。 2) 监控后台显示 T2F_A 下行至 DCBC A 通信中断
6	T2F_A 下行至 DCBC B 通信测试	断开 T2F_A 下行至 DCBC B 通信光纤	1) DCBC B 装置显示 DCBC B 接收 T2F_A 装置通信断链。 2) 监控后台显示 T2F_A 下行至 DCBC B 通信中断
7	T2F_B 下行至 DCBC A 通信测试	断开 T2F_B 下行至 DCBC A 通信光纤	1) DCBC A 装置显示 DCBC A 接收 T2F_B 装置通信断链。 2) 监控后台显示 T2F_B 下行至 DCBC A 通信中断
8	T2F_B 下行至 DCBC B 通信测试	断开 T2F_B 下行至 DCBC B 通信光纤	1) DCBC B 装置显示 DCBC B 接收 T2F_B 装置通信断链。 2) 监控后台显示 T2F_B 下行至 DCBC B 通信中断

3.2.2 直流断路器控制保护系统内部接口通信测试

直流断路器控制保护系统内部通信结构如图 3-3 所示，包含 3 套独立的保护装置，实现合闸过电流和主支路过电流保护功能；两套独立的三取二装置，三取二装置与本体控制系统主控单元 A、B 装置的接口按交叉冗余连接设计。试验前 DCBC 无故障，DCBC A 为值班状态，DCBC B 为备用状态，DCBC 内部接口通信测试见表 3-11。

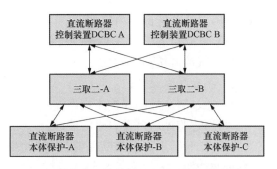

图 3-3 断路器控制保护系统内部通信结构

表 3-11   DCBC 内部接口通信测试

序号	试验项目	试验内容	试验结果
1	DCBC A 与本体保护三取二装置通信测试	断开 DCBC A 接收一套本体保护三取二装置通信光纤	DCBC A 与单套本体保护三取二装置通信中断，DCBC A 轻微故障，主备切换
2	DCBC A 与本体保护三取二装置通信测试	断开 DCBC A 接收两套本体保护三取二装置通信光纤	DCBC A 与两套本体保护三取二装置通信中断，DCBC A 紧急故障，退出值班状态，退出备用状态
3	本体保护三取二装置与单套本体保护通信测试	断开本体保护三取二装置 A 与本体保护 A 之间的通信光纤	本体保护三取二装置 A 与本体保护装置 A 通信中断，保护逻辑由三取二变为二取一，DCBC 轻微故障
4	本体保护三取二装置与双套本体保护通信测试	断开本体保护三取二装置 A 与本体保护 A、本体保护 B 之间的通信光纤	本体保护三取二装置 A 与本体保护装置 A 通信中断，与本体保护装置 B 通信中断，保护逻辑由三取二变为一取一，DCBC 轻微故障
5	本体保护三取二装置与三套本体保护通信测试	断开本体保护三取二装置 A 与本体保护 A、本体保护 B、本体保护 C 之间的通信光纤	本体保护三取二装置 A 与三套本体保护通信中断，本体保护三取二装置 A 不可用，DCBC 严重故障
6	本体保护与本体保护三取二装置通信测试	断开本体保护 A 与双套本体保护三取二装置之间的通信光纤	本体保护 A 紧急故障，退出运行，两套本体保护三取二装置轻微故障，保护逻辑变为二取一

3.2.3 直流断路器控制保护系统功能测试

3.2.3.1 故障录波功能试验

故障录波功能试验内容如下：

（1）试验目的。检查 DCBC 和断路器本体保护装置的故障录波功能。

（2）试验方法。

1）手动触发录波；

2）通过制造控制保护主机严重故障自动触发录波；

3）通过监控后台查看录波波形。

（3）试验结果。直流断路器控制保护装置应具备手动触发录波功能和自动触发录波功能，波形文件能够通过监控后台查看，录波的开关量、模拟量应有相应的说明，便于理解。

3.2.3.2 直流断路器分合闸遥控试验

直流断路器分合闸遥控试验内容如下：

（1）试验目的。验证直流断路器的正常分合闸功能。

（2）试验方法。

1）断路器在合位，且无异常，在监控后台遥控分合闸，记录分合闸后断路器自锁时间；

2）断路器在合位，且无异常，在控制屏柜处通过分合闸把手（若有）进行分合闸，记录分合闸后断路器自锁时间；

3）在断路器自锁期间或禁分禁合状态下对断路器进行分合闸操作，检查断路器动作情况。

（3）试验结果。断路器无异常时，能够通过监控后台或就地把手进行分合闸操作，分合闸后自锁时间满足招标技术规范书要求，在断路器禁分禁合状态下，不响应手动分合闸执行，不上报断路器失灵状态。

3.2.3.3 本体电气量保护试验

本体电气量保护试验内容如下：

（1）试验目的。直流断路器本体保护装置配置主支路过电流保护、转移支路过电流保护、合闸过电流保护，需验证上述保护的定值及动作逻辑是否正确。

（2）试验方法。

1）直流断路器在合位，模拟两套保护装置主支路电流大于主支路过电流保护定值，同时下发直流断路器分闸指令，检查保护动作结果、直流断路器动作结果；

2）直流断路器在合位，模拟两套保护装置转移支路电流大于转移支路过电流保护定值，同时下发直流断路器分闸指令，检查保护动作结果、直流断路器动作结果；

3）直流断路器在分位，模拟两套保护装置转移支路电流大于合闸过电流保护定值，同时下发直流断路器合闸指令，检查保护动作结果、直流断路器动作结果；

4）分别模拟单套、双套、三套直流断路器本体保护动作，检查直流断路器动作结果。

（3）试验结果。

1）直流断路器在合位，两套保护装置主支路电流大于主支路过电流保护定值，收到分闸指令后，主支路过电流保护动作，分闸失败，直流断路器禁分禁合；

2）直流断路器在合位，两套保护装置转移支路电流大于转移支路过电流保护定值，收到分闸指令后，转移支路过电流保护动作，分闸失败，直流断路器禁分禁合；

3）直流断路器在分位，两套保护装置转移支路电流大于合闸过电流保护定值，收到合闸指令后，直流断路器合闸失败，直流断路器自分断、禁分禁合；

4）单套保护动作时，直流断路器不响应，两套以上保护动作时，直流断路器禁分禁合。

3.2.3.4 直流断路器检修模式试验

直流断路器检修模式试验内容如下：

（1）试验目的。直流断路器与直流控制保护系统通过交叉连接的方式进行通信，直流断路器检修时，为防止直流断路器误发信号至直流控制保护系统，设置断路器检修模式，需验证断路器在检修模式下不会向直流控制保护系统上送信号。

（2）试验方法。

1）直流断路器在分位状态下，拉开直流断路器两侧的隔离开关，同时拉开直流断路器两侧接地开关，然后在监控后台单击"直流断路器投检修"按钮，查看断路器状态；

2）直流断路器在分位状态下，拉开直流断路器两侧的隔离开关，同时合上直流断路器两侧接地开关，然后在监控后台单击"直流断路器投检修"按钮，查看断路器状态；

3）直流断路器在检修状态下，模拟直流断路器故障信号，查看直流控制保护系统是否响应。

（3）试验结果。直流断路器在分位状态下，仅拉开直流断路器两侧的隔离开关，直流断路器无法投入检修状态，当拉开直流断路器两侧的隔离开关，同时合上直流断路器两侧接地开关，才能将直流断路器投入检修状态。投入检修状态后，直流控制保护系统未响应直流断路器上送的故障信号。

3.2.4　直流断路器控制保护系统故障响应测试

直流断路器合位运行时故障逻辑测试内容及结果见表 3-12。

表 3-12　　　　　　　　　直流断路器合位运行时故障逻辑测试

序号	试验项目	试验内容	试验结果
1	合位运行时主支路快速机械开关未超冗余故障	任意一台机械开关驱动单元（machine driver unit，MDU）与 DCBC 通信断链	1）DCBC 装置告警显示具体信息。 2）相应断口禁分禁合。 3）监控后台显示相应的告警信息
2	合位运行时主支路快速机械开关超冗余故障	任意两台 MDU 与 DCBC 通信断链	1）直流断路器禁分禁合。 2）DCBC 告警显示具体信息。 3）监控后台显示相应的告警信息
3	合位运行时转移支路电力电子模块未超冗余故障	断开 DCBC 与 IGCT 通信光纤，模拟单个 IGCT 损坏故障	1）DCBC 只报警显示具体个数。 2）监控后台显示变位信息
4	合位运行时转移支路电力电子模块超冗余故障	断开 DCBC 与 IGCT 通信光纤或使相应的 IGCT 接口板卡断电，模拟大于 34 个 IGCT 损坏故障	1）直流断路器禁分禁合。 2）监控后台显示变位信息
5	合位运行时供能系统掉电	合位运行时断开主供能变压器进行电源开关	1）直流断路器禁分禁合。 2）直流断路器不会误分
6	合位运行时供能变压器 SF_6 压力低故障	合位运行时对主供能变两块及以上 SF_6 压力表排气，模拟主供能变压器 SF_6 压力低故障	直流断路器禁分禁合，且上报断路器失灵信号
7	合位运行时DCBC 发生单电源故障	1）值班系统控制主机发生单电源故障。 2）备用系统控制主机发生单电源故障	1）值班系统报警且置轻微故障，原备用系统切换至值班系统，原值班系统切换至备用系统。 2）备用系统报警且置轻微故障，不进行系统切换
8	合位运行时DCBC 发生双电源故障	1）值班系统发生双电源故障。 2）备用系统控制主机发生双电源故障	1）值班系统报警且置紧急故障，原值班系统切换至服务状态，原备用系统切换至值班系统。 2）备用系统报警且置紧急故障，切换至服务状态

序号	试验项目	试验内容	试验结果
9	合位运行时 DCBC 发生与测量系统通信故障	1）值班系统发生线路电流测量异常。 2）备用系统发生线路电流测量异常	1）值班系统报警且置轻微故障，原备用系统切换至值班系统，原值班系统切换至备用系统。 2）备用系统报警且置轻微故障，不进行系统切换
10	合位运行时 DCBC 发生与测量系统通信故障	1）值班系统发生主支路电流或转移支路电流测量异常。 2）备用系统发生主支路电流或转移支路电流测量异常	1）若为值班系统，报警且置紧急故障，切换至服务状态，原备用系统切换至值班系统。 2）若为备用系统，报警且置紧急故障，切换至服务状态
11	合位运行时直流断路器本体保护装置故障	1）单套直流断路器本体保护装置紧急故障。 2）双套直流断路器本体保护装置紧急故障。 3）三套直流断路器本体保护装置紧急故障	1）单套、双套直流断路器本体保护紧急故障，本体保护三取二装置轻微故障。 2）三套直流断路器本体保护紧急故障，本体保护三取二装置紧急故障
12	合位运行时 DCBC 的本体保护三取二装置故障	1）单套本体保护三取二装置紧急故障。 2）双套本体保护三取二装置紧急故障	1）DCBC 值班和备用系统均轻微故障。 2）DCBC 值班和备用系统均置紧急故障，切换至服务状态。直流断路器禁分禁合
13	合位运行时 DCBC 的下层光接口单元通信故障	1）值班控制系统的下层光接口单元单路通信故障。 2）值班控制系统的下层光接合位运行时 DCBC 的下层光接口单元双路通信故障。 3）备用控制系统的下层光接口单元单路通信故障。 4）备用控制系统的下层光接口单元双路通信故障	1）直流 DCBC 值班系统检测与下层光接口单元单路通信故障时，置轻微故障且报警，备用系统切换至值班系统，值班切换至备用系统。 2）直流 DCBC 值班系统检测与下层光接口单元双路通信故障时，置紧急故障且报警，值班系统切换至服务状态，备用系统切换至值班系统。 3）直流 DCBC 备用系统检测与下层光接口单元单路通信故障时，置轻微故障且报警，不进行系统切换。 4）直流 DCBC 备用系统检测与下层光接口单元双路通信故障时，置紧急故障且报警，切换至服务状态

续表

序号	试验项目	试验内容	试验结果
14	合位运行时DCBC与机械开关通信故障	1）值班控制系统与机械开关通信故障不超冗余。 2）备用控制系统与机械开关合位运行时DCBC与机械通信故障不超冗余；开关通信故障。 3）值班控制系统与机械开关通信故障超冗余。 4）备用控制系统与机械开关通信故障超冗余	1）直流DCBC值班系统检测到与机械开关通信故障数量不超冗余时，置轻微故障且报警，备用系统切换至值班系统，值班系统切换至备用系统。 2）直流DCBC备用系统检测与机械开关通信故障数量不超冗余时，置轻微故障且报警，不进行系统切换。 3）直流DCBC值班系统检测与机械开关通信故障数量超冗余时，置紧急故障且报警，值班系统切换至服务状态，备用系统切换至值班系统。 4）直流DCBC备用系统检测与机械开关通信故障数量超冗余时，置紧急故障且报警，切换至服务状态
15	合位运行时DCBC与监控后台通信故障	DCBC与监控后台通信故障	监控后台只报警
16	合位运行时DCBC对时异常	与对时系统通信故障	DCBC只报警

3.3 直流控制保护分系统试验

直流控制保护分系统试验是直流控制与保护系统之间，以及与测量系统、直流断路器控制系统、耗能系统、阀控系统、一次设备之间的联调试验，目的是验证控制保护装置与各设备接口之间的功能正常，并满足设计规范的要求。直流控制保护分系统试验即通过实际发出或者模拟直流控制保护系统与上述装置之间的接口信号，验证信号通道及逻辑正确，上送至运行人员工作站（operator work station，OWS）的报文正确。

3.3.1 与直流断路器接口

张北柔直工程配置有高压直流断路器，因此能够构成直流电网，当线路上发生故障可以线路停运但换流器正常运行，当站内一次设备发生故障可以换流器停运但线路运行，更加灵活可靠，控制保护系统与高压直流断路器控制保护装置之间的接口如图 3-4 所示，PPRA/B/C 表示、DLPA/B/C 表示直流线路保护装置、DBP A/B/C 表示直流母线装置，DCC A/B、P2F A/B、B2F A/B、L2F A/B与DCBC A/B通过光纤交叉连接进行通信，极保护装置（PPR Pole，Protection）、直流母线保护装置（DC bus protection，DBP）、直流线路保护装置（DC line protection，DLP）与自身三取二装置进行通信。

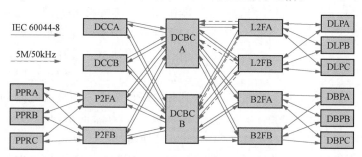

图 3-4　控制保护系统与高压直流断路器控制保护装置之间的接口

保护三取二装置下发至直流断路器控制保护装置主要信号有分闸指令、重合闸指令。通过整组传动，可以验证这部分通信的正确性。直流站控装置与直流断路器控制装置之间的通信内容见表 3-13。

表 3-13　　　　　直流站控装置与直流断路器控制装置之间的通信

直流站控至直流断路器控制装置	直流断路器控制装置至直流站控
慢分指令	断路器分位
快分指令	断路器合位
合闸指令	断路器允许慢分
重合闸指令	断路器允许快分
直流断路器控制装置 A 至直流站控通信故障	断路器允许合闸
直流断路器控制装置 B 至直流站控通信故障	断路器失灵
	断路器自分断
	断路器检修
	直流站控 A 至直流断路器控制装置通信故障
	直流站控 B 至直流断路器控制装置通信故障

（1）直流站控下发的合闸指令、慢分指令属于遥控的范畴，直流断路器控制装置上送断路器分合闸位置属于遥信的范畴，可通过实际后台遥控检查。

（2）可通过拔光纤等方式模拟直流站控与直流断路器控制装置之间的通信故障，并检查冗余系统之间的切换逻辑符合设计要求。

（3）通过分合断路器检修把手，实际上送断路器检修状态。

69

（4）通过模拟一次本体故障检查其他上送至直流站控的状态信号。

3.3.2　与耗能装置接口

张北柔直工程中 B 换流站、C 换流站作为新能源送端，正常时处于孤岛运行状态，即直接连接风机、光伏发电等新能源电源，不连接大电网。在新能源送端与受端有功功率出现不平衡即出现功率盈余时，采用切机方式降低送端功率是常用的技术手段，但由于切机延时一般为几十到几百毫秒级别，而直流电网的故障发展速度极快，为保证切机前直流电网的稳定，B 换流站、C 换流站配置了交流耗能装置。耗能阀控与直流控制保护系统的通信方式如图 3 - 5 所示，采用交叉冗余连接。

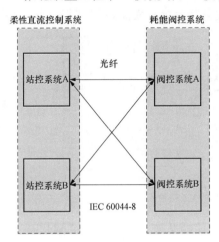

图 3 - 5　耗能阀控与直流控制
保护系统的通信方式

耗能阀控上送直流控制保护系统的量主要包括通信状态、主机值班状态、耗能支路状态，其中耗能支路状态包括耗能支路解锁/闭锁状态、耗能支路不可用、耗能支路请求退出等。控制保护系统下发至耗能阀控的量主要有通信状态、主机值班状态、解锁命令、耗能支路开关状态。

3.3.3　与阀控装置接口

阀控 VBC 和直流控制保护系统之间需进行通信，实现换流阀子模块的控制，通信方式采用直连方式，即直流控制保护系统 PCP A 系统与 VBC A 系统通信、直流控制保护系统 B 系统与 VBC B 系统通信。系统之间的所有信号均采用光纤通道，通信协议采用 IEC 60044 - 8 通用协议或者光调制协议。

（1）从直流控制保护系统至阀控的信号。

1）主用信号（ACTIVE）。主用系统由直流控制保护系统确定，阀控系统主用状态跟随直流控制保护系统主用状态，不可用的系统或存在跳闸出口的系统不得切换为主用系统。ACTIVE 信号采用光调制信号，5MHz 表示该系统为主用系统，50kHz 表示该系统为备用系统。

正常工作中由阀控监视该信号通道，100μs 未监视到 5MHz 或 50kHz 的信号时，视为该通道异常。

系统正常运行中有且只能有一个系统处于主用状态，正常系统切换过程中，来自两个直流控制保护系统的 ACTIVE 信号同时为"主用"或同时为"备用"的时间不得大于 300μs。

　　阀控对 ACTIVE 信号同时为"主用"或同时为"备用"的各种情况按如下原则处理：如两个阀控接收到直流控制保护系统下发的 ACTIVE 信号同时为"主用"的时间小于或等于 $300\mu s$，视为正常系统切换，允许切换期间两个系统同为主用系统；如两个阀控接收到 ACTIVE 信号同时为"主用"的时间大于 $500\mu s$，视为系统主从状态异常，阀控发报警事件至监控后台（信号名称：同主超时），并将后变为"主用"的系统作为实际主用系统继续运行，上述过程 VBC_OK信号保持不变，不发请求停运指令。如两个阀控接收到直流控制保护系统下发的 ACTIVE 信号同时不为"主用"的时间小于或等于 $300\mu s$，视为正常系统切换，切换期间原"主用"系统保持为实际"主用"系统；如两个阀控接收到 ACTIVE 信号同时不为"主用"的时间大于 $500\mu s$，视为系统主从状态异常，阀控发请求停运指令。

　　2）解锁/闭锁信号（DEBLOCK）。解锁/闭锁信号（DEBLOCK）用于指示换流阀的解锁或闭锁，DEBLOCK 值为 0，表示子模块闭锁运行指令，DE-BLOCK 值为 1，表示子模块解锁运行指令。该信号有效期间，阀控应根据调制波发送触发脉冲至子模块。

　　3）交流充电信号（AC_ENERGIZE）。交流充电信号 AC_ENERGIZE 用于指示交流系统向换流阀充电且满足换流阀自检的要求。换流阀交流侧电压大于0.7 倍的额定交流电压，则延时 1s 该信号变为 1。

　　阀控可将该信号用于判断是否对 SM 的工作状态进行检测、保护。AC_EN-ERGIZE 值为 1，表示启动阀控对 SM 的检测、保护功能。

　　4）直流充电信号（DC_ENERGIZE）。直流充电信号 DC_ENERGIZE 用于指示通过直流线路向换流阀充电且满足换流阀自检的要求，直流线路电压大于0.6 倍的额定直流电压，则延时 1s 该信号变为 1。

　　阀控可将该信号用于判断是否对 SM 的工作状态进行检测、保护。DC_EN-ERGIZE 值为 1，表示启动 VBC 对 SM 的检测、保护功能。

　　5）晶闸管触发信号（Thy_ON）。系统发生某些故障可能故障电流很大，为了防止 SM 二极管承受电流过应力，需要导通 SM 中的晶闸管。晶闸管触发信号 Thy_ON 是直流控制保护系统要求阀控对触发 SM 晶闸管的信号。Thy_ON 值为 0，表示直流控制保护系统不发出触发 SM 晶闸管导通的指令；Thy_ON 值为 1，表示直流控制保护系统发出触发 SM 晶闸管导通的指令。

　　6）桥臂输出电压参考值（UREF）。直流控制保护系统计算生产调制波，将每时刻桥臂输出的电压参考值发送给阀控，阀控根据电压参考值投切 SM。

　　（2）从阀控到直流控制保护系统信号。从阀控到直流控制保护系统信号包含阀控返回状态 VBC_STATE 和六个桥臂电压之和，阀控返回状态包括阀控可用信号 VBC_OK、阀组就绪信号 VALVE_READY、请求跳闸信号 TRIP。其中阀控可用信号 VBC_OK、请求跳闸信号 TRIP 采用光调制信号（50kHz、5MHz），直流控制保护系统对该通道进行监视。

1）阀控可用信号（VBC_OK）。阀控可用信号 VBC_OK 采用光调制信号，5MHz 表示该阀控系统 VBC_OK 信号有效，50kHz 表示该阀控系统 VBC_OK 信号无效。

阀控可用信号 VBC_OK 反映阀控的"装置性"故障及直流控制保护系统至阀控的信号通道状况。

充电前，处于"主用"状态的阀控的 VBC_OK 值无效，相应的直流控制保护系统发送报警事件，并执行切换系统，如两套系统的 VBC_OK 值都无效，则不允许执行充电操作。

当处于"备用"状态的阀控的 VBC_OK 值无效时，相应的直流控制保护系统退出至服务状态。当处于"主用"状态的阀控的 VBC_OK 无效时，相应的直流控制保护系统执行切换系统，如果切换系统成功后，"主用"状态的阀控的 VBC_OK 为无效信号，则相应的直流控制保护系统立即执行停运操作。

直流控制保护系统监视 VBC_OK 信号通道，当在 $100\mu s$ 内未监视到 5MHz 或 50kHz 的信号时，视为该信号异常，直流控制保护系统发送报警事件，并按上述原则尝试切换系统。

2）阀组就绪信号（VALVE_READY）。阀组就绪信号 VALVE_READY 反映换流阀 SM 工作状态、换流阀 SM 至阀控的通道状况及电源状况等。VALVE_READY 值为 1 表示阀组系统就绪，可以执行解锁，VALVE_READY 值为 0 表示换流阀系统不可解锁。

VALVE_READY 只在换流阀解锁前有效，换流阀解锁后，直流控制保护系统不使用 VALVE_READY。

3）请求跳闸信号（TRIP）。请求跳闸信号 TRIP 采用光调制信号，5MHz 表示该阀控系统请求跳闸信号有效，50kHz 表示该阀控系统请求跳闸信号无效。

TRIP 信号反映换流阀本体的保护、主回路故障、子模块冗余不足等故障。TRIP 信号有效表示换流阀发生紧急故障，请求闭锁停运。

当处于"备用"状态的 VBC 发出 TRIP 信号时，相应的直流控制保护系统退至服务状态，不得出口闭锁换流器。当处于"主用"状态的阀控发出 TRIP 信号时，相应的直流控制保护系统收到 TRIP 信号时立即执行停运操作。

直流控制保护系统监视 TRIP 信号通道，当在 $100\mu s$ 内未监视到 5MHz 或 50kHz 的信号时，视为该信号异常，直流控制保护系统发送报警事件，并尝试切换系统。

4）短时闭锁信号（temporary_block）。为了提高换流阀的利用率，阀控设置分桥臂短时闭锁功能，短时闭锁信号表示阀控上报给直流控制保护系统换流阀自主启动短时闭锁功能。单次短时闭锁的持续时间和判据由阀控自行决定。

5）各桥臂子模块总电压（$U_{p\Sigma}$）。各桥臂子模块总电压 $U_{p\Sigma}$ 是阀控上报给直流控制保护系统各个桥臂提供直流电压的全子模块电压和。

3.3.4　与阀冷装置接口

换流阀配有水冷却系统，相应的换流阀冷却控制系统（以下简称阀冷控制系统）采用双重化配置，一主一备，与直流控制保护系统交叉冗余的连接方式。

（1）从直流控制保护系统到阀冷控制系统的信号。

1）直流控制系统主用/备用信号（ACTIVE/STANDBY）。

系统运行中有且只能有一个系统处于主用状态，正常系统切换过程中，来自两个直流控制保护系统的 ACTIVE 信号同时为"主用"或同时为"备用"的时间不得大于 1ms。

如果阀冷控制系统接收到两个直流控制保护系统同时为"主用"时，默认后变为主用系统为实际主用系统，阀冷控制系统延时 500ms 发报警事件、不发闭锁指令、不将本系统置为不可用。

2）远方切换阀冷主泵命令（SWITCH）。阀冷控制系统收到来自处于主用状态直流控制保护系统的该命令后，应尝试启动备用主泵，退出现运行主泵。若备用主泵不可用则拒绝切换，发报警事件。

阀冷控制系统收到来自备用状态的直流控制保护系统的该命令后，不执行主泵切换，但发报警事件。

3）解锁/闭锁信号（DEBLOCK/BLOCK）。阀冷控制系统利用 DEBLOCK 信号禁止换流阀解锁期间停主泵。换流器解锁或闭锁状态由来自主用的直流控制保护系统的信号决定，当来自主用和备用状态的该信号不一致时，发报警事件。

4）通道异常监视信号（REC_CCP_COM_IND）。阀冷控制系统对接收通道进行监视，若 500ms 内接收数据无效、通信断链或者接收超时，则判定为通信故障。

若主用的阀冷控制系统检测到接收主用的直流控制保护系统通信异常，阀冷控制系统延时 1s 尝试切换系统。

对于其他阀冷控制系统和直流控制保护系统主用、备用系统之间的通信异常，则发出报警事件。

（2）从阀冷控制系统到直流控制保护系统的信号。

1）阀冷系统跳闸命令（VCCP_TRIP）。阀冷系统配有本体保护，阀冷控制系统检测到阀冷系统流量、温度、液位、压力异常时，阀冷控制系统应向直流控制保护系统发出阀冷系统跳闸命令，由直流控制保护系统闭锁对应换流阀。

若两套阀冷控制系统均可用，主用状态的直流控制保护系统收到主用状态的阀冷控制系统发出 VCCP_TRIP 信号后，直接闭锁换流器。

主用状态的直流控制保护系统若仅收到备用阀冷控制系统的 VCCP_TRIP 信号，则发出报警事件。

2）阀冷系统功率回降命令（RUNBACK）。阀冷控制系统检测到阀冷系统出阀温度过高时，阀冷控制系统可向直流控制保护系统发出阀冷系统功率回降命令，请求直流控制系统降低输送功率，减少换流阀发热。

3）阀冷系统可用信号（VCCP_OK）。阀冷控制系统应监视阀冷系统传感器、处理器、通信通道运行状态，根据监视结果由阀冷控制系统向直流控制保护系统发出阀冷系统可用或不可用信号。

主用系统的直流控制保护系统收到主用阀冷控制系统的不可用信号后，应停止采用来自该阀冷控制系统的任何信号，发送报警事件；如果两套阀冷控制系统发来的 VCCP_OK 都为 O，则直流控制保护系统认为两套阀冷控制系统均不可用，发出闭锁直流命令。

4）阀冷系统具备运行条件（VCCP_RFO）。VCCP_RFO 表示具备解锁换流阀的条件，即阀冷系统运行正常，主泵、喷淋泵（或风机）、各传感器、膨胀罐等无影响换流阀运行的事件，无保护动作（无跳闸命令、无功率回降命令）。

5）阀冷控制系统主用/备用信号（VCCP_ACTIVE/STANDBY）。系统运行中有且只能有一个阀冷控制系统处于主用状态，正常系统切换过程中，来自两个阀冷控制系统的 VCCP_ACTIVE 信号同时为"主用"或同时为"备用"的时间不得大于500ms。如直流控制保护系统接收到两个阀冷控制系统的 VCCP_ACTIVE 信号同时为"主用"时，将后变为"主用"的系统作为实际主用系统继续运行，直流控制保护系统延时500ms 发报警事件、不发闭锁指令、不将本系统置为不可用。如直流控制保护系统接收到两个阀冷控制系统的 VCCP_ACTIVE 信号同时为"备用"时，保持原"主用"的系统作为实际主用系统继续运行，直流控制保护系统延时500ms 发报警事件、不发闭锁指令、不将本系统置为不可用。

3.3.5 系统故障响应试验

通过系统故障响应试验，验证控制保护主机典型的故障设置的故障等级是否合理，故障响应结果是否正确，具体试验内容见表3-14。

表3-14   直流控制保护系统故障响应试验

序号	试验项目	试验内容	试验结果
1	控制保护装置单路装置电源故障	断开控制保护装置第一路装置电源	装置告警，轻微故障。试验主机故障前若为值班状态，则系统切换。值班主机变为备用状态，备用主机变为值班状态
2	控制保护装置双路装置电源故障	断开控制保护装置两路装置电源	紧急故障，该装置退出运行

续表

序号	试验项目	试验内容	试验结果
3	控制保护装置信号电源故障	断开控制保护装置信号电源	装置告警，严重故障。试验主机故障前若为值班状态，则系统切换。值班主机退出备用状态，备用主机变为值班状态。试验主机故障前若为备用状态，则退出备用状态
4	PCP 装置的换流变压器网侧电压 US 采样异常	断开 PCP 装置的换流变压器网侧电压空气开关	装置告警，紧急故障。试验主机故障前若为值班状态，则系统切换。值班主机退出备用状态，备用主机变为值班状态。试验主机故障前若为备用状态，则退出备用状态
5	PCP 装置的换流变压器网侧电流 IS 采样异常	断开电流 IS 从 OCT 电子机箱至合并单元 A 的通信光纤	装置告警，紧急故障。试验主机故障前若为值班状态，则系统切换。值班主机退出备用状态，备用主机变为值班状态。试验主机故障前若为备用状态，则退出备用状态
6	控制主机与保护主机之间的通信异常	断开 PCP 至保护主机的单路通信光纤	PCP 轻微故障，保护主机轻微故障。试验 PCP 主机故障前若为值班状态，则系统切换。值班主机变为备用状态，备用主机变为值班状态
7	控制主机与保护主机之间的通信异常	断开 PCP 至保护主机的双路通信光纤	PCP 与三套保护失去通信，紧急故障。试验主机故障前若为值班状态，则系统切换。值班主机退出备用状态，备用主机变为值班状态。试验主机故障前若为备用状态，则退出备用状态
8	控制主机与保护主机之间的通信异常	断开保护主机至 PCP 的双路通信光纤	保护主机与两套 PCP 失去通信，保护主机紧急故障，相关保护退出，控制主机轻微故障
9	三取二主机与保护主机之间的通信异常	断开三取二主机至相应组网交换机单路通信光纤	相关三取二主机与保护主机均报轻微故障
10	控制主机之间的通信异常	断开 DCC 主机至相应组网交换机单路通信光纤	DCC 主机轻微故障，试验 DCC 主机故障前若为值班状态，则系统切换。值班主机变为备用状态，备用主机变为值班状态

序号	试验项目	试验内容	试验结果
11	控制主机之间的通信异常	断开 DCC 主机至相应组网交换机双路通信光纤	DCC 主机严重故障，试验主机故障前若为值班状态，则系统切换。值班主机退出备用状态，备用主机变为值班状态。试验主机故障前若为备用状态，则退出备用状态
12	控制主机与接口装置之间的通信异常	断开 PCP 主机至相应组网交换机双路通信光纤	PCP 主机严重故障，试验主机故障前若为值班状态，则系统切换。值班主机退出备用状态，备用主机变为值班状态。试验主机故障前若为备用状态，则退出备用状态
13	控制保护主机与合并单元之间的通信异常	断开合并单元至 PCP 主机的数据光纤	若此光纤传输的模拟量包含参与控制的关键模拟量，则 PCP 主机紧急故障。若此光纤传输的模拟量不含参与控制的关键模拟量，则 PCP 主机轻微故障
14	控制保护主机与合并单元之间的通信异常	断开合并单元至保护主机的数据光纤	保护装置轻微故障，与该光纤传输的模拟量相关的保护功能退出
15	双极控制主机之间的通信异常	断开正极 PCP 主机与负极 PCP 主机之间的单路通信光纤	正极 PCP 主机与负极 PCP 主机均轻微故障，系统切换
16	双极控制主机之间的通信异常	断开正极 PCP 主机与负极 PCP 主机之间的两路通信光纤	正极 PCP 主机与负极 PCP 主机均严重故障，退出值班，退出备用

3.4 交流耗能分系统调试

张北柔直工程中的 B 换流站、C 换流站正常运行时处于孤岛运行状态，交流场直接连接风电，为了解决换流阀闭锁时的功率盈余问题，两个站配有交流耗能装置。因此有必要在系统带电前进行交流耗能分系统调试，对耗能晶闸管阀、耗能电阻、耗能阀控装置的功能进行验证。

3.4.1 耗能晶闸管阀试验

耗能晶闸管阀试验见表 3-15。

表 3 - 15   耗 能 晶 闸 管 阀 试 验

试验项目	试验方法	试验判据
阀塔外观	阀塔安装后的正确性、完好性	1）阀组件外观完好、无损伤。 2）阀组件之间电气连接准确。 3）阀塔安装螺栓紧固、力矩线无遗漏、无偏移。 4）阀塔绝缘子表面无损伤、无污秽
阀塔光衰测量	阀塔光纤在敷设过程中未造成损坏，阀塔至阀控装置光纤的衰减情况满足需求	1）单根光纤弯曲半径不低于 30mm。 2）光纤连接正确。 3）衰减值不小于 -3dB
晶闸管阻尼回路	晶闸管级阻尼回路中的阻尼电容、阻尼电阻值的正确性	晶闸管级单元测试仪进行阻抗功能测试合格
晶闸管级触发	验证阀控装置和晶闸管级的触发、监视功能正常	1）晶闸管级单元测试仪合格。 2）OWS 后台上报事件和晶闸管级测试位置对应

3.4.2 耗能电阻试验

耗能电阻试验见表 3 - 16。

表 3 - 16   耗 能 电 阻 试 验

试验项目	试验方法	试验判据
外观检查	耗能电阻安装后的正确性、完好性	1）耗能电阻单元铭牌完好，型号正确。 2）耗能电阻单元箱门外观完好，开合灵活。 3）耗能电阻单元箱体百叶窗和底部金属网罩无异物堵塞。 4）耗能电阻单元之间连接的安装螺栓紧固、力矩线无遗漏、无偏移。 5）每相耗能电阻绝缘子表面无损伤、无污秽
冷态电阻值测量	耗能电阻（在环境温度 25°C 额定电流下的冷态电阻）的额定电阻值在设计误差范围内	测量值为 30Ω×（1±5%）
绝缘电阻测量	验证耗能电阻对箱体外壳的绝缘是否符合要求	绝缘电阻大于 100MΩ 即可

3.4.3 耗能阀控装置试验

耗能阀控装置试验见表 3 - 17。

第3章

表 3-17　　　　　　　　　　　　　耗 能 阀 控 装 置 试 验

试验项目	试验方法	试验判据
外观检查	设备外观检查，保证设备在运输及安装过程中状态完好	1）检查屏柜及其内部元件的外观、安装。 2）检查机箱及其内部板卡的外观、安装。 3）检查评估内部螺钉、端子、标签等外观及安装
接线检查	检查现场屏间接线	屏柜接地线及电源进线屏蔽层可靠接地
光纤检查	检查现场屏间光纤、与阀塔连接光纤、与站控连接光纤	外观无破损，连接可靠，单根光纤弯曲半径不低于 30mm
屏柜电源进线检测	检查屏柜电源进线电压	1）直流进线电压合格范围：DC 220V（1±10％）。 2）交流进线电源电压合格范围：AC 220V（1±10％）
机箱上电检测	检查设备上电后工作状况正确性	1）柜顶风机运行正常。 2）机箱散热模块运行正常，风机运行指示灯点亮。 3）机箱、板卡前面板电源指示灯点亮
运行模式切换测试	验证正常模式与测试模式的切换能够正确响应，系统在不同的模式下表征正常	1）测试模式下各机箱和板卡指示灯状态正常。 2）连接耗能控制装置测试后台或观察控制系统OWS，查看耗能控制装置运行模式和状态信息事件正确
主备系统切换测试	验证耗能控制主备系统切换时能够正确响应	1）执行主备系统切换时各机箱和板卡指示灯状态正常。 2）连接耗能控制装置测试后台或观察控制系统OWS，耗能控制装置事件正确上报
信号录波功能测试	测试阀控录波功能，检验耗能控制机箱接口信号、板卡间信号状态	1）录波接口状态正常，与上位机通信正常。 2）录波信号逻辑时序正常
站控接口信号测试	验证耗能控制装置与站控间的接口信号通道的正确性	1）耗能控制装置接收到站控信号后响应正确，机箱和板卡指示灯状态正确。 2）站控接收到耗能控制装置信号后响应正确。 3）OWS后台事件正确上报
OWS后台事件检查	对耗能控制装置至OWS后台事件核对，检查所有耗能控制装置机箱状态信息事件、事件等级、事件时标	耗能控制装置与站控通信事件与信号表对应正确，时标正确

第 4 章

站系统调试

站系统调试，即单站设备带电系统调试，是在设备单体调试、分系统调试完成后进行的对站内主要设备较全面的检测。通过站系统调试，可以考核站内设备、系统能否满足电气安装工艺和设备技术规范的要求，考核设备单体调试、分系统调试的项目是否全面并且合格，考核设备与设备之间、系统与系统之间通信接口与控制功能的配合是否正常，验证控制系统的顺序控制功能、联锁功能、空载加压控制是否正确，校验测量系统的准确性，验证保护传动的正确性，进而验证换流站的整体功能。站系统调试是柔性直流电网中其他系统调试的基础，在站系统调试项目之外，同样验证了其他辅助类装置的功能，例如故障录波系统、事件记录系统等。

本章以张北柔直工程中的 D 换流站为例，通过其站系统调试的重要试验的目的、条件、步骤和对试验结构的分析，讲述柔性直流换流站的站系统调试。

4.1　顺序控制操作试验

顺序控制主要是对换流站内断路器、隔离开关的分/合操作和换流阀从接地到运行、从运行到接地等提供自动执行功能。联锁包括硬件联锁和软件联锁，其中硬件联锁的种类包括机械联锁和电气联锁等。软件联锁是在控制系统主机的控制软件中实现的，在控制系统对开关设备进行操作时起作用。一般机械联锁由一次开关设备自身来实现。

4.1.1　试验目的

检查换流站单极的顺序控制操作和电气联锁能否正确执行。检验当一个顺序控制在执行过程中出现故障而未执行完成时，直流设备能否停留在安全状态。

在手动或自动控制模式下检验每一个单个步骤的操作和执行情况。

4.1.2　试验条件

试验条件如下：

（1）控制模式为手动控制模式。

（2）分系统试验已完成。

（3）设备的初始运行状态为双极接地、换流变压器在检修状态、两个换流器的交流进线开关均在冷备用状态。

4.1.3 试验步骤

试验步骤如下：

（1）在运行人员工作站上手动操作开关，完成换流器连接。

1）合上 NBGS 0070；

2）拉开 D 换流站交流进线开关、交流连线区、中性线区、极线区、金属回线区的各接地开关，使正极转为冷备用状态；

3）合上 D 换流站交流进线开关、交流连线区、中性线区的各隔离开关；

4）将直流母线快速开关 0510 转入冷备用状态；

5）合上 0010 开关；

6）核实 0311 开关在分位；

7）合上 0312 开关，核实正极换流器在连接状态。

（2）核实各种手动操作均已完成，且正确无误，没出现任何故障报警。

（3）以自动方式重复进行换流器连接试验，在进行自动顺序控制试验时，进行手动控制系统切换，OWS 控制界面如图 4-1 所示。

1）单击"站地连接"指令；

2）单击"未接地"指令；

3）单击"连接"指令。

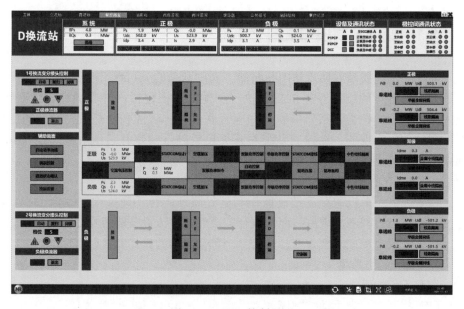

图 4-1 OWS 控制界面

4.1.4　试验结果分析

能够手动状态以及自动状态下，实现直流场区域内的断路器、隔离开关分、合，且断路器、隔离开关位置信号上送正确，在手动/自动状态下，实现极连接指令，OWS 直流场界面如图 4-2 所示。

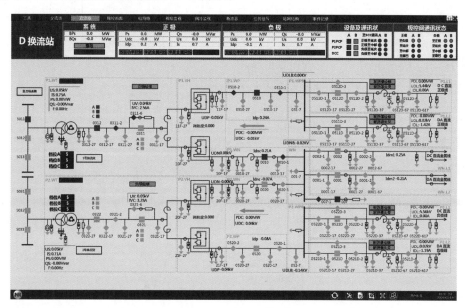

图 4-2　OWS 直流场界面

4.2　保护跳闸试验

本节以紧急停运跳闸和换流变压器非电量保护跳闸为例进行说明。

换流站主控室每极配有两个紧急停运按钮，出现紧急情况，用于手动闭锁换流阀，其二次回路如图 4-3 所示，两个紧急停运按钮的合位位置串联起来作为紧急停运的开入信号，即同时按下两个紧急停运按钮，阀闭锁。

换流变压器非电量保护原理同常规交流变压器保护装置原理一致，原理接线如图 4-4 所示，从变压器本体来的非电量信号经过装置重动输出接点重动后，再给出中央信号、远方信号、事件记录三对信号接点。

4.2.1　试验目的

保护跳闸试验是在正极换流站带电之前或者是控制保护电路（包括软件）修改后进行。最后跳闸试验中的所有试验项目至少要进行一次跳闸试验。选择一个或多个保护启动保护跳闸，确保所有跳闸回路完好，保护动作正确。

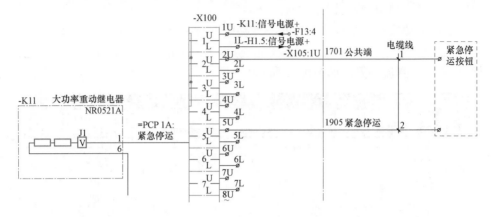

图 4-3 紧急停运二次回路

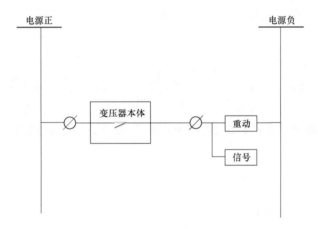

图 4-4 换流变压器非电量保护原理接线图

4.2.2 试验条件

试验条件如下：

（1）控制模式为自动控制模式；

（2）分系统试验已完成；

（3）设备的初始运行状态为双极接地、换流变压器在检修状态、两个换流器的交流进线开关均在冷备用状态。

4.2.3 试验步骤

试验步骤如下：

（1）闭合交流开关；

（2）手动紧急停运（运行人员触发控制室墙壁上的紧急停运按钮）；

（3）正极换流变压器故障跳闸（气体继电器或压力释放继电器）（在换流变

压器气体继电器模拟重瓦斯跳闸）；

（4）核实保护跳闸动作执行正确。

4.2.4　试验结果分析

D换流站紧急停运保护动作报文见表4-1，通过报文可以看出按下紧急停运按钮后，出现紧急停运跳闸命令，闭锁了换流阀，跳开了网侧交流断路器0511，跳开了阀侧交流断路器0312以及充电电阻旁路断路器0311，并发出了极隔离指令，保护动作结果正确。

表4-1　　　　　　　　　　D换流站紧急停运保护动作报文

时间	主机	报警组	事件等级	事件状态
00:01:43.457	S4P1PCP1	直流场	紧急	PCP发出不启失灵跳交流进线3/2接线边断路器，出现
00:01:43.457	S4P1PCP1	直流场	紧急	PCP发出跳阀侧交流断路器A相命令，出现
00:01:43.457	S4P1PCP1	直流场	紧急	PCP发出跳阀侧交流断路器B相命令，出现
00:01:43.457	S4P1PCP1	直流场	紧急	PCP发出跳阀侧交流断路器C相命令，出现
00:01:43.457	S4P1PCP1	直流场	紧急	PCP发出不启失灵跳交流进线3/2接线中断路器，出现
00:01:43.458	S4P1PCP1	换流器	紧急	保护极隔离命令，出现
00:01:43.458	S4P1PCP1	顺序控制	紧急	紧急停运跳闸命令，发出
00:01:43.458	S4P1PCP1	换流器	紧急	保护出口闭锁换流阀，出现
00:01:43.458	S4P1PCP1	顺序控制	紧急	保护跳闸发出隔离指令，出现

D换流站紧急停运保护动作波形如图4-5所示，图中SYSTRIP为系统跳闸信号，可以看出系统跳闸信号出现后，阀侧交流开关合位信号WTQ1_CLOSE_IND消失、阀侧连接线开关合位信号WPQ1_CLOSE_IND消失、NBS合位信号PWN_NBS_CLOSE_IND消失，动作结果正确。

D换流站换流变压器非电量保护动作报文见表4-2。

表4-2　　　　　　　　　D换流站换流变压器非电量保护动作报文

时间	主机	报警组	事件等级	事件状态
14:25:18.769	NEPA	正极柔性直流阀A	紧急	1号换流变压器非电量保护A_A相本体重瓦斯动作，出现
14:25:18.772	VCBA	正极柔性直流阀A	报警	正极柔直阀A_阀控接收PCP下发换流阀闭锁命令，出现
14:25:18.773	S4P1PCP1	直流场	紧急	PCP发出不启失灵跳交流进线3/2接线边断路器，出现

续表

时间	主机	报警组	事件等级	事件状态
14:25:18.773	S4P1PCP1	直流场	紧急	PCP 发出跳阀侧交流断路器 A 相命令，出现
14:25:18.773	S4P1PCP1	直流场	紧急	PCP 发出跳阀侧交流断路器 B 相命令，出现
14:25:18.773	S4P1PCP1	直流场	紧急	PCP 发出跳阀侧交流断路器 C 相命令，出现
14:25:18.774	S4P1PCP1	直流场	紧急	紧急，换流器，保护极隔离命令，出现
14:25:18.774	S4P1PCP1	直流场	紧急	紧急，换流器，保护出口闭锁换流阀，出现
14:25:18.774	S4P1PCP1	顺序控制	紧急	请求联跳对站命令，发出
14:25:18.784	DBCA	DC 线 0512D 断路器 A	紧急	DC 线 0512D 断路器 B，阜诺线 0512D 断路器 B_线路保护装置 2 快速分闸，出现

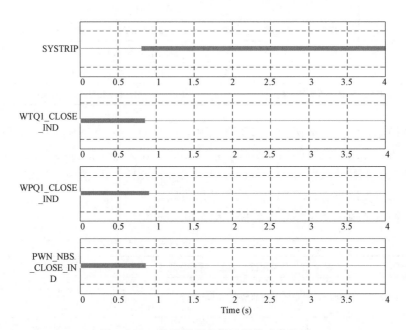

图 4-5　D换流站紧急停运保护动作波形

D换流站换流变压器非电量保护动作波形如图 4-6 所示。

D换流站正极换流变压器非电量保护 C 退出以后，三取二逻辑变为二取一，

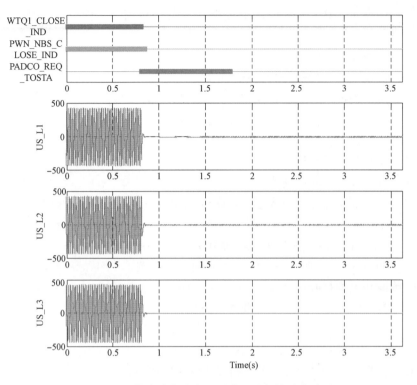

图 4-6　D 换流站换流变压器非电量保护动作波形

当换流变压器非电量保护 A 动作后，保护出口闭锁换流阀，跳网侧交流开关、跳 NBS 开关，同时联跳对站。通过图 4-6 可以看出，阀侧交流开关合位信号 WTQ1_CLOSE_IND 消失，NBS 合位信号 PWN_NBS_CLOSE_IND 消失、请求联跳对站信号 PADCO_REQ_TOSTA 出现，网侧电压 US 变为零，保护动作正确。

4.3　换流变压器及换流器充电试验

4.3.1　试验目的

正极充电试验涉及的主要设备有换流变压器、换流阀、直流断路器、直流场设备、直流线路、直流控制保护柜、阀控柜及运行人员控制系统。该项试验的主要目的如下：

（1）检查换流变压器的带电投切情况，检查带电后振动是否在允许范围内。

（2）测量换流变压器合闸涌流。

（3）检查换流器交流电压相序、直流电压极性及幅值的正确性。

（4）检查换流器、直流断路器充电后设备运行情况，检查阀厅是否有电晕放电情况。

（5）检查设备与线路的绝缘水平。

（6）检查子模块的运行状态是否正确。

（7）检查阀控系统功能，检查阀控运行情况。

4.3.2　试验条件

试验条件如下：

（1）设备及分系统试验结束。

（2）最后跳闸试验已完成。

（3）换流变压器保护投入运行，交流进线断路器 5011 充电保护已经投入。

（4）正极初始状态。

1）交流场带电通道中的所有接地开关打开，隔离开关闭合；

2）交流联线区接地开关、阀厅直流侧接地开关、中性线区接地开关、金属回线区接地开关均打开；

3）0312 断路器分位，0311 断路器分位，0311‐2 隔离开关分位；

4）直流母线快速断路器 0510 处于冷备用状态；

5）本极中性线处于正常连接状态；

6）C—D 金属回线、D—A 金属回线处于隔离状态；

7）D 换流站 NBGS 007 处于合位。

4.3.3　试验步骤

试验步骤如下：

（1）带电试验前，进行以下检查。

1）读取避雷器计数器动作次数；

2）完成设备巡视检查（接地，设备连接等）；

3）记录交流母线电压值。

（2）按照已经准备的操作票，将正极直流系统转极连接，合上正极交流进线断路器 5011，完成换流变压器带换流器第一次充电试验。

（3）在换流变压器带电和换流器带电期间，完成以下检查。

1）记录换流变压器三相励磁涌流；

2）检查换流变压器是否发出不正常的声音；

3）换流阀厅熄灯检查；

4）换流阀状态检查；

5）完成规定的检查并对带电区域进行电晕的视听检查。

（4）核实保护和监测值。

1）记录交流母线电压；

2）记录换流变压器阀侧电压并检查相序；

3）记录直流侧可控充电电压的极性与幅值；

4）记录子模块电压及投入个数。

（5）检查合闸电阻投退时序是否正常。

（6）按照确定的操作票，断开正极交流进线断路器5011，换流变压器及换流器退出运行。

（7）重复上述步骤对换流变压器带换流阀、换流变压器带直流断路器等进行充电试验，总计需对换流变压器进行五次充电。

4.3.4　试验结果分析

换流变压器第一次充电后台事件报文见表4-3。

表4-3　　　　　　　　　换流变压器第一次充电后台事件报文

时间	主机	报警组	事件等级	事件状态
01:05:11.102	S4ACC511A	交流场断路器	正常	zb-s4o3/None发出5011断路器指令，合上
01:05:12.185	CTPA	1号换流变压器电量保护A	报警	1号换流变压器电量保护A_保护启动，出现
01:05:12.185	CTPA	1号换流变压器电量保护A	报警	1号换流变压器电量保护A_大差工频变化量差动保护启动
01:05:12.185	CTPA	1号换流变压器电量保护A	报警	1号换流变压器电量保护A_小差工频变化量差动保护启动，出现
01:05:12.188	S4ACC511	交流场断路器	正常	5011断路器C相，合位
01:05:12.189	S4ACC511	交流场断路器	正常	5011断路器A相，合位
01:05:12.189	S4ACC511	交流场断路器	正常	5011断路器B相，合位
01:05:12.189	S4ACC511	交流场断路器	正常	5011断路器，合位
01:05:12.699	CTPA	1号换流变压器电量保护A	正常	1号换流变压器电量保护A_大差工频变化量差动保护启动，消失
01:05:12.699	CTPA	1号换流变压器电量保护A	正常	1号换流变压器电量保护A_小差工频变化量差动保护启动，消失

换流变压器第一次充电时的录波如图4-7所示，其中US_L1表示换流变压器网侧A相电压、US_L2表示换流变压器网侧B相电压、US_L3表示换流变压器网侧C相电压、IS_L1表示换流变压器网侧A相电流、IS_L2表示换流变压器网侧B相电流、IS_L3表示换流变压器网侧C相电流、WA_QF_CLOSE_IND表示换流变压器网侧开关，通过录波可以看出，合网侧交流开关对换流变压器充电后，换流变压器网侧电压正常且相序正确，绝缘能经受交流电压；充电过程中最大励磁涌流为1000A左右，由于励磁涌流导致电流畸变，换流变压器小差工频变化量差动保护启动，大差工频变化量差动保护启动，换流变压器保护

二次谐波可靠制动，换流变压器差动保护可靠闭锁，未出现误动作现象。

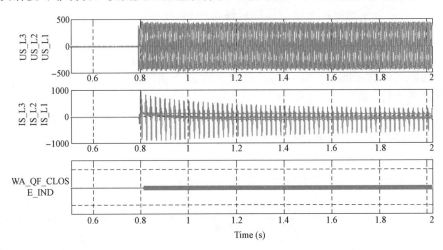

图 4-7　换流变压器第一次充电时的录波

D换流站换流变压器带换流阀充电后台报文见表4-4。

表 4-4　　　　　　D换流站换流变压器带换流阀充电后台报文

时间	主机	报警组	事件等级	事件状态
03：16：01.761	S4P1PCP1	顺序控制	正常	zb-s4o3/None 发出连接指令，出现
03：16：01.761	S4P1PCP1	顺序控制	正常	自动连接指令，出现
03：16：13.230	S4DCC1	直流场	正常	0010-1隔离开关，合位
03：16：25.962	S4P1PCP1	启动区	正常	P1.WT.Q1（0312）断路器，合位
03：16：27.553	S4P1PCP1	直流场	正常	P1.WP.Q1（0510）断路器，合位
03：16：27.559	S4P1PCP1	顺序控制	正常	连接，投入
03：16：27.562	S4P1PCP1	准备顺序控制	正常	RFE状态，出现
03：27：18.765	S4ACC511	交流场断路器	正常	5011 开关 C 相，合位
03：27：18.766	S4ACC511	交流场断路器	正常	5011 开关 A 相，合位
03：27：18.768	S4ACC511	交流场断路器	正常	5011 开关 B 相，合位
03：27：18.768	S4ACC511	交流场断路器	正常	5011 开关，合位
03：27：20.974	VBCA	正极柔性直流阀A	报警	正极柔性直流阀 A_阀控接收 PCP 下发换流阀交流充电模式，出现
03：27：22.614	VBCA	正极柔性直流阀A	报警	正极柔性直流阀 A_阀正在充电状态，出现
03：27：36.163	VBCA	正极柔直阀A	报警	正极柔直阀 A_换流阀充电完成，出现

换流变压器带换流阀充电时的波形如图 4-8 所示，其中 US 与上文一致为换流变压器网侧电压，IS 为换流变压器网侧电流。WTQ1_CLOSE_IND 表示换流变压器阀侧开关合位信号，换流变压器带换流阀充电时应将此开关合上，WTQ1_CLOSE_IND 表示启动电阻旁路断路器，对换流阀充电时应投入启动电阻，减小启动过程中对换流阀子模块的冲击，因此对换流阀充电时应退出启动电阻旁路断路器。换流变压器带换流阀充电时，充电回路电阻较大，因此励磁涌流最大幅值为 150A 左右，明显小于仅换流变压器充电时的励磁涌流，因此相关换流变压器差动保护未启动。

换流阀在不控充电阶段处于闭锁状态，换流阀在不控充电阶段，直流侧输出电压能够达到阀侧交流电压的幅值，D 换流站换流变压器阀侧额定电压为290kV，因此不控充电过程结束后，换流阀端口直流电压 UDP 最终可达到290kV 左右，通过录波可以看出实际结果正确。

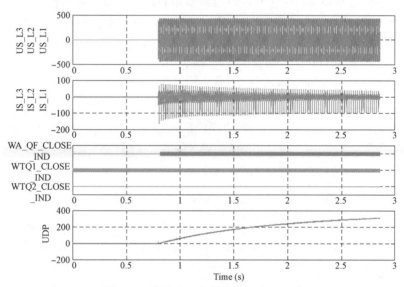

图 4-8 换流变压器带换流阀充电录波

D 换流站换流变压器带换流阀及直流断路器充电后台报文见表 4-5。

表 4-5 　　　D 换流站换流变压器带换流阀及直流断路器充电后台报文

时间	主机	报警组	事件等级	事件状态
04：31：01.446	S4ACC511	交流场断路器	正常	zb-s4o3/None 发出 5011 断路器指令，合上
04：31：02.533	S4ACC511	交流场断路器	正常	5011 断路器 C 相，合位
04：31：02.533	S4ACC511	交流场断路器	正常	5011 断路器 A 相，合位
04：31：02.533	S4ACC511	交流场断路器	正常	5011 断路器 B 相，合位
04：31：02.534	S4ACC511	交流场断路器	正常	5011 断路器，合位

续表

时间	主机	报警组	事件等级	事件状态
04: 31: 05.374	VBCA	正极柔性 直流阀 A	报警	正极柔性直流阀 A_阀控接收 PCP 下发 换流阀交流充电模式，出现
04: 31: 06.374	VBCA	正极柔性 直流阀 A	报警	正极柔性直流阀 A_阀正在充电状态， 出现
04: 31: 12.533	CTPC	1 号换流变压 器电量保护 C	正常	1 号换流变压器电量保护 C_网侧 TV 断 线，消失

换流变压器带换流阀及直流断路器充电时的波形如图 4 - 9 所示，图中 PWN_NBS_CLOSE_IND 表示中性线断路器合位信号，换流阀下桥臂需通过此开关与系统接地点相连，因此带换流阀充电时，此断路器应为合位，WPQ1_CLOSE_IND 表示直流母线快速断路器合位信号，带直流断路器进行充电时，需将此开关打到合位。充电回路电阻较大，因此充电电流衰减很快，换流阀差动保护未启动。

图 4 - 10 中 P1DB1_CLOSE_IND 表示 DC 直流断路器合位信号、P1DB2_CLOSE_IND 表示 DA 直流断路器合位信号，带直流断路器充电时，这两个信号应为 1 表示直流断路器为合位。

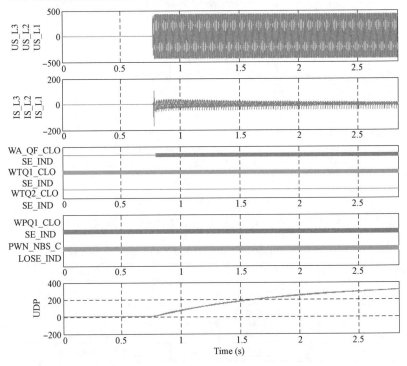

图 4 - 9　换流变压器带换流阀及直流断路器充电录波

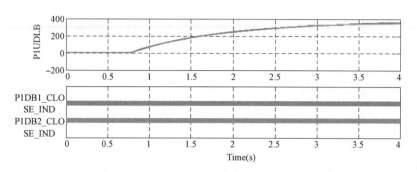

图 4 - 10 直流站控录波

4.4 抗干扰试验

4.4.1 试验目的

换流站交直流控制和保护设备抗干扰试验是在交直流系统带电时验证交直流保护和控制设备在使用步话机、手机等进行通话时，不会误动作。

4.4.2 试验条件

试验条件如下：

（1）控制保护装置、阀控装置、操作控制台已做好调整并带电；

（2）所需工具和仪器包括步话机和手机，其功能良好；

（3）换流器处于空载加压运行状态下。

4.4.3 试验步骤

试验步骤如下：

（1）打开直流控制保护装置屏柜门；

（2）在柜门处持步话机或手机通话；

（3）关上直流控制保护装置屏柜门；

（4）在柜门处持步话机或手机通话；

（5）转移到阀控装置屏前，进行上述试验；

（6）转移到其他辅助控制保护屏前，进行上述试验。

4.4.4 试验结果分析

检查每次干扰时的事件记录与稳态录波，无异常事件且波形稳定，抗干扰试验通过。

第4章

第 5 章

端对端系统调试

端对端系统调试的目的是考核组成柔性直流输电工程的各分系统及整个直流输电系统的性能是否已经达到了设备技术规范所保证的性能指标。端对端运行是张北柔直工程最基础的运行方式之一，因此在进行四端调试之前，有必要对柔性直流换流站端对端特性进行现场考核，本章列举了初始运行试验、保护跳闸试验、冗余设备切换试验、系统监视试验及稳态、动态性能试验等，对张北柔性直流电网端对端调试内容进行介绍。

5.1 初始运行试验

5.1.1 A 换流站带 B 换流站直流极母线 OLT 试验

A 换流站带 B 换流站直流极母线 OLT 试验内容如下：

（1）试验目的。为 A 换流站与 B 换流站直流线路、B 换流站与 A 换流站极母线、极线电抗器、直流断路器、金属回线、母线快速开关充电，检验和考核这些设备的额定电压耐受水平，需进行 OLT 试验，因 B 换流站交流系统直接连接风电场，处于孤岛运行状态，因此需要 A 换流站带 B 换流站进行 OLT 试验。

（2）试验条件。

1）交流系统条件。

a. 交流场设备带电试验完毕，试验合格；

b. 控制 A 换流站交流母线电压在规定的运行范围内。

2）直流系统条件。B 换流站、A 换流站换流阀充电试验已完成。

（3）试验步骤如下：

1）确认 B 换流站换流变压器网侧交流断路器、换流变压器阀侧交流断路器均处于分位。

2）将正极直流线路与金属回线转为连接状态。

3）合 A 换流站接地断路器。

4）将 A 换流站正极换流阀连接，极连接；BA 直流正极线连接；B 换流站正极极母线连接；B 换流站正极极母线连接线冷备用。

5）确认准备好带电条件（ready for enable - charge，RFE）满足后，合上 A

换流站换流阀的交流进线开关，利用 A 换流站交流电网进行 A 换流站正极带 B 换流站正极极母线不控充电。

6）确认准备好运行条件（ready for operation，RFO）满足后，A 换流站正极换流阀在 OLT 运行方式下正常解锁。

7）核实直流电压稳定运行。

8）试验完毕后 A 换流站正极换流阀正常闭锁。

（4）试验结果分析。功率正送，A 换流站带 B 换流站直流母线单端解锁试验（正极），解锁前录波波形如图 5-1 所示，其中 P1UDL2 表示 BA 直流正极线路电压、P1UDLB 表示 B 换流站正极直流母线电压、P1UDNB 表示 B 换流站正极中性线电压，A 换流站换流阀解锁前，通过不控充电和可控充电阶段，直流线路电压可达到 420kV 左右，待直流电压稳定，检查一次设备无问题，未出现闪络现象。

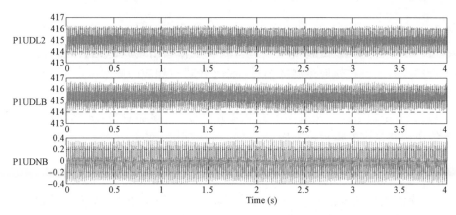

图 5-1　A 换流站带 B 换流站直流极母线单端解锁试验解锁前录波波形图

A 换流站带 B 换流站直流母线单端解锁试验（正极），解锁后录波波形如图 5-2 所示，解锁后直流电压上升至 500kV 左右，在 500kV 电压状态下，一次设备耐压 3min 中，核实一次设备无问题。

5.1.2　就地控制试验

远方调度中心可对换流站进行直接的控制操作，换流站接收来自调度中心的控制指令，并下发相应的调度命令；运行人员工作站（OWS）是实现整个柔性直流系统运行控制的主要位置，运行人员的控制操作将通过换流站监控系统的人机界面来实现；就地控制系统可作为远方调度中心和运行人员工作站均因故障退出时的后备控制，在就地控制屏柜上进行操作。

当就地控制把手打到"投远控"方向时，控制位置为远方调度中心或运行人员工作站；当就地控制把手打到"就地联锁"方向时，控制位置作为就地控制屏柜，受软件联锁逻辑约束；当就地控制把手打到"就地解锁"方向时，则

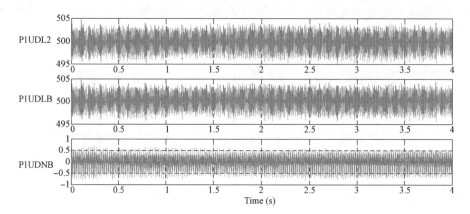

图 5-2 A 换流站带 B 换流站直流极母线单端解锁试验解锁后录波波形图

解除软件联锁逻辑的约束。

（1）试验目的。该试验检验当运行人员工作站出现问题无法对站内一次设备进行遥控时，可在就地控制屏柜对直流系统进行相应的操作。

（2）试验条件。

1）交流系统条件。交流场设备带电试验完毕，试验合格；控制 A 换流站交流母线电压在规定的运行范围内。

2）直流系统条件。A 换流站 OLT 试验已完成。

（3）试验步骤。

1）直流极控制装置 PCP 和交流站控装置（AC control，ACC）的控制位置改为"就地"，在就地控制屏柜上进行以下操作；

2）核实 BA 直流线路与 BA 金属回线已连接，且 A 换流站内接地完好；

3）A 换流站换流阀解锁正常，为定直流电压控制；

4）B 换流站换流阀进行极连接，合上 BA 直流断路器对 B 换流站换流阀进行不控充电；

5）等待 B 换流站换流阀的 RFO（解锁条件满足）后，单击"解锁"；

6）核实 B 换流站换流阀运行正常；

7）合 B 换流站换流变压器网侧交流开关；

8）运行稳定后，将 B 换流站该极有功功率参考值改为 150MW，功率上升速率为 30MW/min；

9）等运行稳定后，B 换流站下令换流阀"闭锁"；

10）记录试验过程并进行录波。

（4）试验结果分析。就地控制试验 B 换流站正极解锁录波波形如图 5-3 所示，其中 US_L1、US_L2、US_L3 表示换流变压器网侧三相电压，B 换流站换流变压器网侧电压为 220kV，合上网侧交流开关后电压正常。IS_L1、IS_L2、IS_L3 表示换流变压器网侧三相交流电流，因设定功率为零，且已通过直流侧对换流阀与换流变压器充电完成，所以解锁后换流变压器网侧三相交流电流很小，几乎为零。UDP 表示换流阀出线电压，在合换流变压器网侧交流开关的瞬间，因对换流变压器进一步充电，因此有一个电压跌落，充电完毕后恢复正常。IDNC 表示中性线电流，当换流阀出线电压跌落时，A 换流站对 B 换流站进行充电，使换流阀出线电压恢复 500kV，因此 IDNC 会有一个暂态的电流。

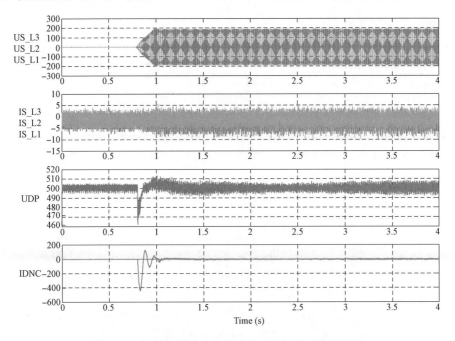

图 5-3　就地控制试验 B 换流站正极解锁录波波形图

就地控制试验 B 换流站负极解锁录波波形如图 5-4 所示，负极解锁波形与正极保持一致，仅极性相反，不再进行赘述。

就地控制试验 B 换流站正极功率达到 150MW 录波波形如图 5-5 所示，其中 P_REAL_S 表示有功功率，可以看出当前有功功率为 150MW 左右，换流变压器网侧三相电流幅值为 500A 左右。

就地控制试验 B 换流站负极功率达到 150MW 录波波形如图 5-6 所示，负极与正极基本保持一致，仅极性有所区别，不再赘述。

就地控制试验正负极解锁后，换流变压器网侧 A/B/C 相电压 US_L1/2/3、换流变压器网侧 A/B/C 相电流 IS_L1/2/3 在功率升降过程中波形正常无畸变，换流阀出线直流电压 UDP、中性线直流电流 IDNC（近阀侧）波形正常，正负

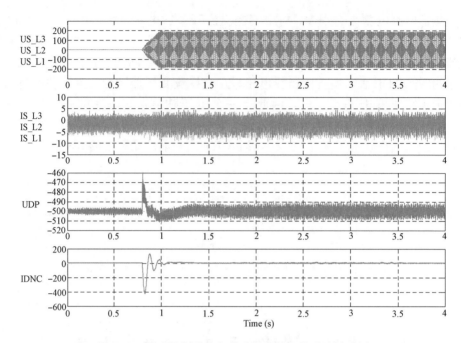

图 5-4 就地控制试验 B 换流站负极解锁录波波形图

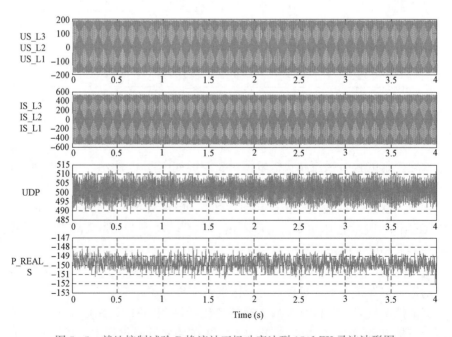

图 5-5 就地控制试验 B 换流站正极功率达到 150MW 录波波形图

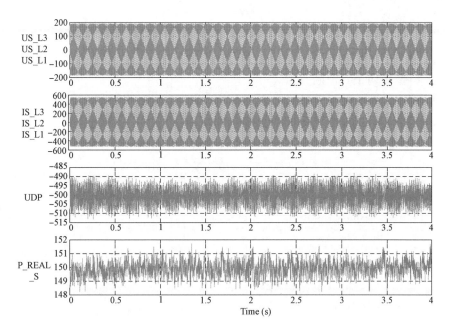

图 5 - 6　就地控制试验 B 换流站负极功率达到 150MW 录波波形图

极功率上升至 150MW 后稳定运行，就地解锁功能正常。

5.2　保护跳闸试验

5.2.1　换流变压器非电量保护跳闸试验

换流变压器非电量保护是以瓦斯等非电量来反映换流变压器内部故障的一种保护，是换流变压器保护的主保护之一。

（1）试验目的。验证换流变压器非电量保护跳闸逻辑功能。

（2）试验条件。

1）交流场带电设备调试完毕，试验合格；

2）控制交流母线电压在规定的运行范围内；

3）站系统调试已经完成。

（3）试验步骤。

1）等待 B 换流站、A 换流站正极进入 HVDC 稳态运行，输送功率为零。

2）将 B 换流站正极非电量保护 B 套退出运行，在换流变压器保护 A 屏端子排处模拟本体重瓦斯二次回路闭合，非电量保护动作跳闸。

3）核实动作过程：

a. 闭锁换流阀；

b. 极隔离；

c. 跳换流变压器网侧交流断路器并不启动失灵、跳换流变压器阀侧交流断路器；

d. 锁定网侧交流断路器和阀侧交流断路器；

e. 跳本极两个直流断路器；

f. 锁定本极两个直流断路器；

g. 禁止本极两个直流断路器重合。

（4）试验结果分析。B换流站换流变压器非电量保护动作报文见表5-1。

表5-1   B换流站换流变压器非电量保护动作报文

时间	主机	报警组	事件等级	事件状态
14：25：18.769	NEPA	正极柔性直流阀A	紧急	1号换流变压器非电量保护A_A相本体重瓦斯动作，出现
14：25：18.772	VCBA	正极柔性直流阀A	报警	正极柔性直流阀A_阀控接收PCP下发换流阀闭锁命令，出现
14：25：18.773	S4P1PCP1	直流场	紧急	PCP发出不启失灵跳交流进线3/2接线边断路器，出现
14：25：18.773	S4P1PCP1	直流场	紧急	PCP发出跳阀侧交流断路器A相命令，出现
14：25：18.773	S4P1PCP1	直流场	紧急	PCP发出跳阀侧交流断路器B相命令，出现
14：25：18.773	S4P1PCP1	直流场	紧急	PCP发出跳阀侧交流断路器C相命令，出现
14：25：18.774	S4P1PCP1	换流器	紧急	保护极隔离命令，出现
14：25：18.774	S4P1PCP1	换流器	紧急	保护出口闭锁换流阀，出现
14：25：18.774	S4P1PCP1	顺序控制	紧急	请求联跳对站命令，发出

B换流站换流变压器非电量保护动作录波波形如图5-7所示。

当换流变压器非电量保护动作后系统跳闸SYSTRIP信号变为1，换流变压器阀侧开关合位状态WTQ1_CLOSE_IND变为0表示换流变压器阀侧开关已断开，中性线直流转换开关合位状态PWN_NBS_CLOSE_IND变为0表示中性线开关已断开，换流变压器网侧A/B/C相电压US_L1/2/3波形在开关断开的瞬间为零，表明换流变压器网侧开关确认正确断开。当B换流站与A换流站端对端运行时，本站跳闸会发出联跳对站信号PADCO_TR_FMSCC。观察到上述录波量正确动作后可确认换流变压器非电量保护正确动作。

5.2.2　模拟极母线差动保护跳闸试验

极母线差动保护用于检测直流线路电流互感器与换流阀直流高压端电流互

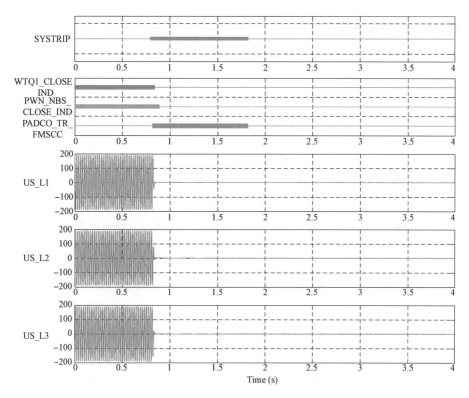

图 5-7　B换流站换流变压器非电量保护动作录波波形图

感器之间的接地故障。由直流线路 1 电流 IdB11、直流线路 2 电流 IdB12 与换流阀直流高压端电流 IdP1 及直流母线电压 UdLB 构成动作判据。

保护原理：

$$Idif=|IdP1-IdB11-IdB12|$$
$$Ires=|IdP1+IdB11+IdB12|\times0.5$$

其中 IdB11 表示极 1 线路 1 电流，依次类推：

Ⅰ段：Idif>max（Ihbd_set1，k_set1 * Ires）。

Ⅱ段：Idif>max（Ihbd_set2，k_set2 * Ires）&|UdLB|<U_set。

其中 Idif 表示差动电流、Ires 表示制动电流、Ihbd_set1 表示Ⅰ段启动定值、Ihbd_set2 表示Ⅱ段启动定值、k_set1 表示Ⅰ段比率系数、k_set2 表示Ⅱ段比率系数、U_set 表示低电压判据定值。

（1）试验目的。该试验检验极母线区严重故障时，极母线差动保护能够正确动作，同时保护动作结果正确。

（2）试验条件。

1）交流场带电设备调试完毕，试验合格；

2）控制交流母线电压在规定的运行范围内；

3）站系统调试已经完成。

（3）试验步骤。

1）等待 B 换流站与 A 换流站正极进入 HVDC 稳态运行，输送功率为零。

2）手动退出 C 套直流母线保护装置 DBPC，在 A 套直流母线保护装置 DB-PA 上修改极母线差动保护的差动电流定值，使该保护动作出口。

3）核实动作过程：

a. 闭锁换流阀；

b. 极隔离；

c. 跳换流变压器网侧交流断路器并启动失灵、跳换流变压器阀侧交流断路器；

d. 锁定换流变压器网侧交流断路器和换流变压器阀侧交流断路器；

e. 跳本极两个直流断路器；

f. 跳本极两条直流线路对侧的直流断路器；

g. 锁定本极两个直流断路器；

h. 禁止本极两个直流断路器重合。

（4）试验结果分析。B 换流站极母线差动保护动作报文见表 5-2。

表 5-2 B 换流站极母线差动保护动作报文

时间	主机	报警组	事件等级	事件状态
17：39：01.018	S2P1DBP1	直流母线	紧急	直流母线差动保护Ⅱ段，动作
17：39：01.018	S2P1B2F1	三取二逻辑	紧急	分直流断路器启动失灵、不启动重合命令，已触发
17：39：01.018	S2P1PCP1	换流阀	紧急	保护出口闭锁换流阀，出现
17：39：01.018	S2P1PCP1	换流阀	紧急	保护极隔离命令，出现
17：39：01.019	S2P1PCP1	顺序控制	正常	闭锁
17：39：01.108	S2P1PCP1	直流场断路器	正常	0010，断开
17：39：01.064	S2ACC231	交流场断路器	正常	WB.W16.Q1（2203）三相，分
17：39：01.062	S2P1PCP1	交流场断路器	正常	P1.WT.Q1（0312），断开

B 换流站极母线差动保护跳闸试验动作录波波形如图 5-8 所示。

当极母线差动保护Ⅱ段 DBDP_TR2 状态由 0 变为 1 后表示极母线差动保护Ⅱ段保护已经动作，保护动作后换流阀解锁信号 DEBLOCKED 状态由 1 变为 0 表示换流阀已闭锁，跳线路 1 直流断路器不启动重合闸启动失灵 TRIP_DCB_TJR_L1 状态由 0 变为 1 表示极母线差动保护已发出跳 BA 直流断路器，跳 BC 直流断路器不启动重合闸启动失灵 TRIP_DCB_TJR_L2 状态由 0 变为 1 表示极

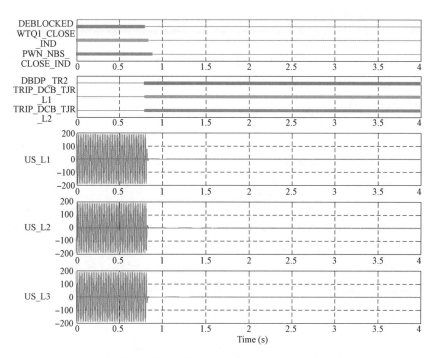

图 5-8　B换流站极母线差动保护跳闸试验动作录波波形图

母线差动保护已发出跳线路 2 直流断路器，换流变压器阀侧开关合位状态
WTQ1_CLOSE_IND 变为 0 表示换流变压器阀侧开关已断开，中性线开关合位
状态 PWN_NBS_CLOSE_IND 变为 0 表示中性线开关已断开，换流变压器网侧
A/B/C 相电压 US_L1/2/3 波形在开关断开的瞬间为零，表明换流变压器网侧开
关确认正确断开，联跳对站信号 PADCO_TR_FMSCC 表示极母线差动保护已正
确联跳对站，观察到上述录波量正确动作后可确认极母线差动保护Ⅱ段正确
动作。

5.2.3　模拟中性母线差动保护跳闸试验

中性母线差动保护检测中性母线上的直流电流互感器之间的接地故障。检
测流入中性母线电流与流出中性母线电流之差。由本极中性线电流 IdNE、对极
中性线电流 IdNE_OP、金属回线 1 电流 IdM1、金属回线 2 电流 IdM2、站内接
地开关电流 IDGND 构成动作判据。具体原理如下：

双极运行：Idif ＝│IdNE－IdNE_OP＋IdGND＋IdM1＋IdM2│、Ires ＝
│IdNE－IdNE_OP│。

单极运行：Idif＝│IdNE＋IdGND＋IdM1＋IdM2│、Ires＝│IdNE│。

报警段：Idif＞Ideb_alm。

动作段：Idif＞max（Ideb_set，k_set * Ires）。

其中 Idif 表示差动电流、Ires 表示制动电流、Ideb_alm 表示报警定值、Ideb_set 表示动作启动定值、k_set 表示动作比率系数。

（1）试验目的。该试验检验中性母线区严重故障时，中性线差动保护能够正确动作隔离故障，同时检验中性母线差动保护跳闸功能逻辑正确。

（2）试验条件。

1）交流场带电设备调试完毕，试验合格；

2）控制交流母线电压在规定的运行范围内；

3）站系统调试已经完成。

（3）试验步骤。

1）等待两站正极系统进入 HVDC 稳态运行，输送功率为零。

2）手动退出 C 套直流母线保护装置 DBPC，在 A 套直流母线保护装置 DBPA 上修改中性母线差动保护定值，使该保护动作出口。

3）核实动作过程：

a. 闭锁换流阀；

b. 极隔离；

c. 跳网侧交流断路器并启动失灵、跳阀侧交流断路器；

d. 锁定网侧交流断路器和阀侧交流断路器；

e. 跳本站四个直流断路器；

f. 跳本站四条线路对侧上其他直流断路器；

g. 锁定本站直流断路器；

h. 禁止本站直流断路器重合。

（4）试验结果分析。B 换流站中性母线差动保护动作报文见表 5-3。

表 5-3　　　　　　　　　B 换流站中性母线差动保护动作报文

时间	主机	报警组	事件等级	事件状态
00:21:40.413	S2P2DBP1	双极	紧急	中性母线差动保护，动作
00:21:40.414	S2DCC1	母线保护	紧急	保护极隔离命令，出现
00:21:40.213	S2DCC1	母线保护	紧急	保护出口负极换流阀极隔离命令
00:21:40.213	S2DCC1	母线保护	紧急	保护跳 MBS1 命令，出现
00:21:40.213	S2DCC1	母线保护	紧急	保护跳 MBS2 命令，出现
00:21:40.213	S2P2B2F1	三取二逻辑	紧急	跳换流变压器阀侧断路器命令，已触发
00:21:40.213	S2P2B2F1	三取二逻辑	紧急	跳换流变压器进线断路器和启动失灵命令，已触发
00:21:40.213	S2P1B2F1	三取二逻辑	紧急	分直流断路器启失灵不启重合命令，已触发
00:21:40.214	S2P2PCP1	顺序控制	紧急	请求联跳对站命令，发出

续表

时间	主机	报警组	事件等级	事件状态
00:21:40.216	S2P2PCP1	顺序控制	正常	闭锁
00:21:40.216	S2SCC1	顺序控制	报警	B换流站故障总信号，出现

B 换流站中性母线差动保护动作录波波形如图 5-9 所示。

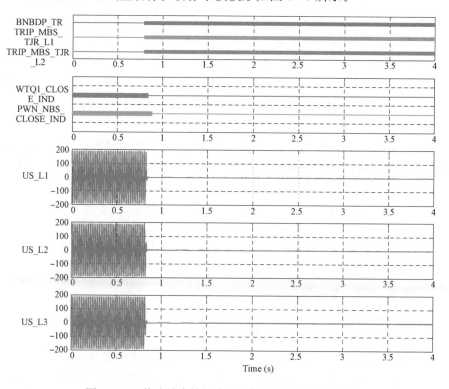

图 5-9　B换流站中性母线差动保护动作录波波形图

当中性母线差动保护动作 BNBDP_TR 状态由 0 变为 1 后表示双极中性母线差动保护已经动作，金属回线 1 转换开关跳闸 TRIP_MBS_TJR_L1 状态由 0 变为 1 表示保护发出金属回线 1 转换开关信号，金属回线 2 转换开关跳闸 TRIP_MBS_TJR_L2 状态由 0 变为 1 表示保护发出金属回线 2 转换开关信号，换流变压器阀侧开关合位状态 WTQ1_CLOSE_IND 变为 0 表示换流变压器网侧开关已断开，中性线开关合位状态 PWN_NBS_CLOSE_IND 变为 0 表示中性线开关已断开，换流变压器网侧 A/B/C 相电压 US_L1/2/3 波形在开关断开的瞬间为零，表明换流变压器网侧开关确认正确断开，观察到上述录波量正确动作后可确认中性母线差动保护正确动作。

5.2.4 无站间通信，模拟中性线差动保护跳闸试验

该保护检测中性线区域的接地故障。检测流入中性母线电流与流出中性母线电流之差。由正负中性线直流电流（近阀侧）IdNC、正负极中性线电流（近中性母线侧）IdNE 构成动作判据。具体原理如下：

$$Idif = |IdNC - IdNE|$$

报警段：$Idif > Ihbd\_alm$。

动作段：

Ⅰ段：$Idif > \max[Ihbd\_set1, k\_set1 \times \max(IdNC, IdNE) \times 0.5]$。

Ⅱ段：$Idif > \max[Ihbd\_set2, k\_set2 \times \max(IdNC, IdNE) \times 0.5]$。

其中 Idif 表示差动电流、Ilbd_alm 表示报警定值、Ilbd_set1 表示Ⅰ段启动定值、Ilbd_set2 表示Ⅱ段启动定值、k_set1 表示Ⅰ段比率系数、k_set2 表示Ⅱ段比率系数。

站间通信包括极控装置与站间协调控制装置通信、极控装置之间通信、直流线路三取二装置之间的通信及直流线路保护装置之间的通信。本次模拟极控装置之间的通信。

（1）试验目的。该试验检验无站间通信，中性线区严重故障时，中性线差动保护能够正确动作隔离故障，保护跳闸功能逻辑正确。

（2）试验条件。

1）交流场带电设备调试完毕，试验合格；

2）控制交流母线电压在规定的运行范围内；

3）站系统调试已经完成。

（3）试验步骤。

1）等待两站正极系统进入 HVDC 稳态运行，输送功率为零。

2）手动退出 C 套 PPR 保护，在 PPR A 上修改中性线差动保护动作定值，使该保护动作出口。

3）断开 A 换流站与 B 换流站正极极控装置间的通信。

4）核实动作过程：

a. 闭锁换流阀；

b. 极隔离；

c. 跳网侧交流断路器并启动失灵、跳阀侧交流断路器；

d. 锁定网侧交流断路器和阀侧交流断路器；

e. 跳本极两个直流断路器；

f. 跳本极线路对侧两个直流断路器；

g. 锁定本极两个直流断路器；

h. 禁止本极两个直流断路器重合闸；

i. 联跳对站。

（4）试验结果分析。B 换流站中性线差动保护动作报文见表 5 - 4。

表 5 - 4　　　　　　　B 换流站中性线差动保护动作报文

时间	主机	报警组	事件等级	事件状态
22：08：07.654	S2P1PPR1	极	紧急	中性线差动保护Ⅱ段，动作
22：08：07.657	S2P1P2F1	三取二逻辑	紧急	跳换流变压器进线断路器和启动失灵命令，已触发
22：08：07.657	S2P1P2F1	三取二逻辑	紧急	跳换流变压器阀侧断路器命令，已触发
22：08：07.657	S2P1BC11	BCU 装置事件	正常	柔直极保护 - 快分命令，出现
22：08：07.659	S2P1PCP1	顺序控制	紧急	保护跳闸发出隔离指令，出现
22：08：07.659	S2P1PCP1	换流阀	紧急	保护出口闭锁换流阀，出现
22：08：07.659	S2P1PCP1	换流阀	顺序控制	换流器，闭锁

B 换流站中性线差动保护动作录波波形如图 5 - 10 所示。

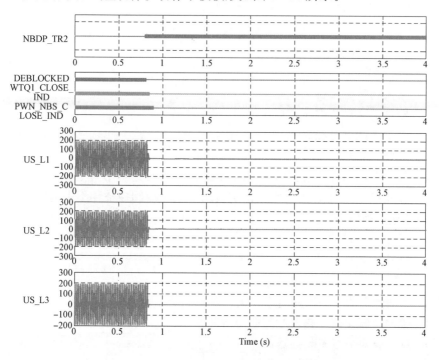

图 5 - 10　B 换流站中性线差动保护动作录波波形图

当中性线差动保护Ⅱ段动作 NBDP_TR2 状态由 0 变为 1 后表示中性线差动保护Ⅱ段已经动作，保护动作后换流阀解锁信号 DEBLOCKED 状态由 1 变为 0

表示换流阀已闭锁，换流变压器阀侧开关合位状态 WTQ1_CLOSE_IND 变为 0 表示换流变压器阀侧开关已断开，中性开关合位状态 PWN_NBS_CLOSE_IND 变为 0 表示中性线开关已断开，换流变压器网侧 A/B/C 相电压 US_L1/2/3 波形在开关断开的瞬间为零，表明换流变压器阀侧开关确认正确断开，观察到上述录波量正确动作后可确认中性线差动保护Ⅱ段正确动作。

5.2.5 模拟阀控桥臂不平衡保护跳闸试验

换流变压器阀侧接地故障或桥臂电抗器阀侧接地故障时，利用阀侧接地故障下桥臂电流不平衡的特点，由阀控系统识别阀侧接地故障，阀控桥臂不平衡保护快速动作，动作后立即闭锁阀并向极控发送跳闸信号，可有效缩短阀闭锁时间和直流断路器断开时间。阀控桥臂不平衡保护由上桥臂电流 IBP、下桥臂电流 IBN 构成动作判据。具体原理如下：

$$(IBPa + IBPb + IBPc) - (IBNa + IBNb + IBNc) > \Delta I$$

其中 IBPa 表示上桥臂 A 相电流、IBPb 表示上桥臂 B 相电流、IBPc 表示上桥臂 C 相电流，IBNa 表示下桥臂 A 相电流、IBNb 表示下桥臂 B 相电流、IBNc 表示下桥臂 C 相电流、ΔI 表示保护动作定值。

(1) 试验目的。该试验检验换流阀区严重故障相间、两相接地、三相短路保护跳闸功能逻辑正确。

(2) 试验条件。

1）交流场带电设备调试完毕，试验合格；

2）控制交流母线电压在规定的运行范围内；

3）站系统调试已经完成。

(3) 试验步骤。

1）等待两站正极系统进入 HVDC 稳态运行，输送功率为零。

2）在阀控保护机箱 A 与阀控保护机箱 B 上修改阀控桥臂不平衡保护动作定值，使该保护动作出口。

3）核实动作过程：

a. 闭锁换流阀；

b. 极隔离；

c. 跳网侧交流断路器并启动失灵、跳阀侧交流断路器；

d. 锁定网侧交流断路器和阀侧交流断路器；

e. 跳本极两个直流断路器；

f. 闭锁本极两个直流断路器重合闸；

g. 远跳本极对侧两个直流断路器；

h. 联跳对站。

(4) 试验结果分析。B 换流站阀控桥臂不平衡保护动作报文见表 5-5。

表 5 - 5　　　　　　　B 换流站阀控桥臂不平衡保护动作报文

时间	主机	报警组	事件等级	事件状态
21：52：47.366	S2P1VPR1	阀控保护	紧急	阀控桥臂不平衡保护，动作
21：52：47.553	S2P1PCP1	换流器	紧急	保护极隔离命令，出现
21：52：47.553	S2P1PCP1	顺序控制	紧急	请求联跳对站命令，发出
21：52：47.553	S2P1PCP1	换流器	紧急	保护出口闭锁换流阀，出现
21：52：47.553	S2P1VCP1	保护	紧急	阀控三取二全局闭锁信号，出现
21：52：47.553	S2P1PCP1	系统监视	正常	阀控桥臂不平衡保护跳闸命令，出现
21：52：47.553	S2P1PCP1	顺序控制	正常	换流阀，闭锁

B 换流站阀控桥臂不平衡保护动作录波波形如图 5 - 11 所示。

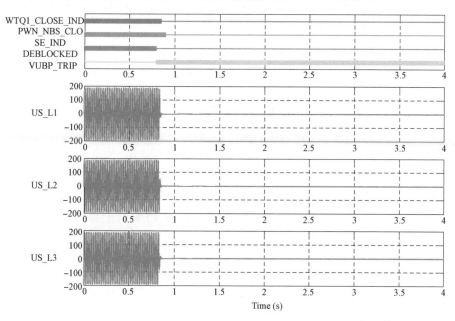

图 5 - 11　B 换流站阀控桥臂不平衡保护动作录波波形图

当阀控桥臂不平衡保护动作后观察 VUBP_TRIP 阀控桥臂不平衡保护动作信号已发出，DEBLOCKED 解锁信号为 0，WTQ1_CLOSE_INDWTQ1 换流变压器阀侧开关合位状态，PWN_NBS_CLOSE_IND 中性开关合位状态，US_L1/2/3 换流变压器网侧电压波形在开关断开的瞬间为零，确认开关正确断开，观察到上述录波量正确动作后可确认阀控桥臂不平衡保护正确动作。

107

5.2.6　模拟桥臂电抗器差动保护

桥臂电抗器差动保护是阀侧连接线电流测点到上下桥臂电流测点区域发生两相接地、三相接地以及相间故障时的主保护，由换流变压器阀侧电流 IvC、上桥臂电流 IbP、下桥臂电流 IbN 构成动作判据。具体原理如下：

$$Idif=|(IbP-IbN)+IvC|$$
$$Ires=|(IbP-IbN)-IvC|\times0.5$$

报警段：

$$Idif>Ihbd\_alm$$

动作段：

Ⅰ段：$Idif>max$（Ihbd_set1，k_set1 * Ires）。

Ⅱ段：$Idif>max$（Ihbd_set2，k_set2 * Ires）。

其中 Idif 表示差动电流、Ires 表示制动电流、Ilbd_alm 表示报警定值、Ilbd_set1 表示Ⅰ段启动定值、Ilbd_set2 表示Ⅱ段启动定值、k_set1 表示Ⅰ段比率系数、k_set2 表示Ⅱ段比率系数。

（1）试验目的。该试验检验桥臂电抗器及相连母线接地故障时桥臂电抗器差动保护能够正确动作隔离故障，保护跳闸功能逻辑正确。

（2）试验条件。

1）交流场带电设备调试完毕，试验合格；

2）控制交流母线电压在规定的运行范围内；

3）站系统调试已经完成。

（3）试验步骤。

1）等待两站正极系统进入 HVDC 稳态运行，输送功率为零。

2）手动退出 C 套直流极保护装置 PPR C，在 PPR B 上修改桥臂电抗器差动保护动作定值，使该保护Ⅱ段动作。

3）核实动作过程：

a. 闭锁换流阀；

b. 极隔离；

c. 开通晶闸管；

d. 换流变压器阀侧交流断路器分相跳闸；

e. 锁定网侧交流断路器和阀侧交流断路器；

f. 跳本极两个直流断路器；

g. 闭锁本极两个直流断路器重合闸；

h. 跳本极对端两个直流断路器；

j. 联跳对站。

（4）试验结果分析。B 换流站桥臂电抗器差动保护动作报文见表 5-6。

表 5 - 6　　　　　　　　B 换流站桥臂电抗器差动保护动作报文

时间	主机	报警组	事件等级	事件状态
18：18：50.966	S2P1PPR1	换流阀	紧急	桥臂电抗差动保护Ⅱ段A相，动作
18：18：50.966	S2P1P2F1	三取二逻辑	紧急	极保护发出跳直流电网全极命令，已触发
18：18：50.966	S2P1PCP1	三取二逻辑	紧急	永久性闭锁，已触发
18：18：50.966	S2P1PCP1	三取二逻辑	紧急	请求开通晶闸管，已触发
18：18：50.966	S2P1P2F1	三取二逻辑	紧急	分直流断路器不启动对侧重合命令，已触发
18：18：50.966	S2P1PCP1	三取二逻辑	紧急	跳启动电阻旁路断路器命令，已触发
18：18：50.966	S2P1PCP1	三取二逻辑	紧急	跳换流变压器阀侧断路器命令，已触发
18：18：50.967	S2P1PCP1	换流阀	紧急	保护出口闭锁换流阀，出现
18：18：50.967	S2P1PCP1	换流阀	紧急	保护极隔离命令，出现

B 换流站桥臂电抗器差动保护动作录波波形如图 5 - 12 所示。

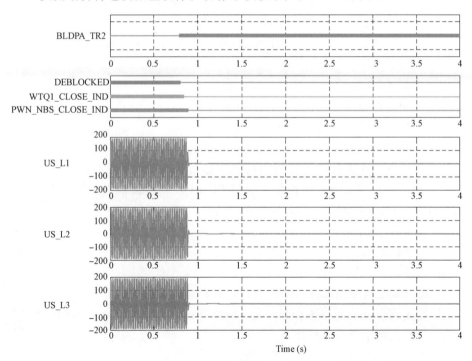

图 5 - 12　B 换流站桥臂电抗器差动保护动作录波波形图

当桥臂电抗差动保护 A 相Ⅱ段动作 BLDPA_TR2 状态由 0 变为 1 后表示桥臂电抗差动保护 A 相Ⅱ段已经动作，保护动作后换流阀解锁信号 DEBLOCKED 状态由 1 变为 0 表示换流阀已闭锁，换流变压器网侧开关合位状态 WTQ1_CLOSE_IND 变为 0 表示换流变压器阀侧开关已断开，中性开关合位状态 PWN_NBS_CLOSE_IND 变为 0 表示中性线开关已断开，换流变压器网侧 A/B/C 相电压 US_L1/2/3 波形在开关断开的瞬间为零，表明换流变压器网侧开关确认正确断开，观察到上述录波量正确动作后可确认桥臂电抗差动保护 A 相Ⅱ段正确动作。

5.2.7 模拟直流低电压保护

直流低电压保护是换流阀高压侧直流对地短路故障的后备保护，或因控制系统造成的电压异常的保护。由直流极间电压 UDC 构成动作判据。具体原理如下：

$$|UDC| < U\_set$$

Ⅰ段经过 T11 时间报警，经过 T12 时间动作。

Ⅱ段经过 T2 时间动作。

其中 U_set 表示Ⅰ段或Ⅱ段动作定值、T11 表示Ⅰ段报警时间、T12 表示Ⅰ段动作时间、T2 表示Ⅱ段动作时间。

（1）试验目的。该试验检验直流极线电压异常时保护跳闸功能逻辑正确。

（2）试验条件。

1）交流场带电设备调试完毕，试验合格；

2）控制交流母线电压在规定的运行范围内；

3）站系统调试已经完成。

（3）试验步骤。

1）等待两站正极系统进入 HVDC 稳态运行，输送功率为零。

2）手动将 C 套直流极保护装置退出 PPR C，在直流极保护装置 PPR B 上修改直流低电压保护动作定值，使该保护动作出口。

3）核实动作过程：

a. 闭锁换流阀；

b. 极隔离；

c. 跳网侧交流断路器并启动失灵、跳阀侧交流断路器；

d. 锁定网侧交流断路器和阀侧交流断路器；

e. 跳本极两个直流断路器；

f. 闭锁本极两个直流断路器重合闸；

g. 跳本极对端两个直流断路器；

h. 联跳对站。

（4）试验结果分析。B 换流站直流低电压保护动作报文见表 5-7。

表 5-7　　　　　　　　B 换流站直流低电压保护动作报文

时间	主机	报警组	事件等级	事件状态
10：12：22.578	S2P2PPR1	极	紧急	直流低电压保护Ⅱ段，动作
10：12：22.580	S2P2P2F1	三取二逻辑	紧急	跳换流变压器进线断路器和启动失灵命令，已触发
10：12：22.580	S2P2P2F1	三取二逻辑	紧急	跳换流变压器阀侧断路器命令，已触发
10：12：22.580	S2P2P2F1	三取二逻辑	紧急	分直流断路器不启动对侧重合命令，已触发
10：12：22.580	S2P2PCP1	换流阀	紧急	保护出口闭锁换流阀，出现
10：12：22.580	S2P2PCP1	换流阀	紧急	保护极隔离命令，出现
10：12：22.580	S2P2PCP1	顺序控制	紧急	请求联跳对站命令，发出
10：12：22.580	S2P2PCP1	换流器	紧急	保护出口闭锁换流阀，出现

B 换流站直流低电压保护动作录波波形如图 5-13 所示。

上述录波中 UDC 直流极间电压（UDP 与 UDN 之差）降低，直流低电压保护Ⅱ段动作 DCUVP_TR2 状态由 0 变为 1 后表示直流低电压保护Ⅱ段已经动作，控制系统收到系统跳闸信号 SYSTRIP 状态由 0 变为 1 表示系统中有保护跳闸，换流变压器阀侧开关合位状态 WTQ1_CLOSE_IND 变为 0 表示换流变压器阀侧开关已断开，中性开关合位状态 PWN_NBS_CLOSE_IND 变为 0 表示中性线开关已断开，对站的联跳信号 PADCO_REQ_TOSTA 状态由 0 变为 1 表示直流低电压保护Ⅱ段保护已发出联跳对站，观察到上述录波量正确动作后可确认直流低电压保护Ⅱ段正确动作。

5.2.8　模拟桥臂差动保护跳闸试验

桥臂差动保护是换流阀桥臂接地故障的主保护，由上桥臂电流 IbP、极线直流电流 IdP、下桥臂电流 IbN、中性线直流电流（近阀侧）IdNC、中性线避雷器电流 IAN 作为动作判据。具体原理如下：

正极：

上桥臂：$Idif=|\sum IbP+IdP|$、$Ires=|\sum IbP-IdP|\times0.5$。

下桥臂：$Idif=|\sum IbN+IdNC-IAN|$、$Ires=|\sum IbN-IdNC|\times0.5$。

负极：

上桥臂：$Idif=|\sum IbP+IdNC+IAN|$、$Ires=|\sum IbN-IdNC|\times0.5$。

下桥臂：$Idif=|\sum IbN+IdP|$、$Ires=|\sum IbP-IdP|\times0.5$。

报警段：

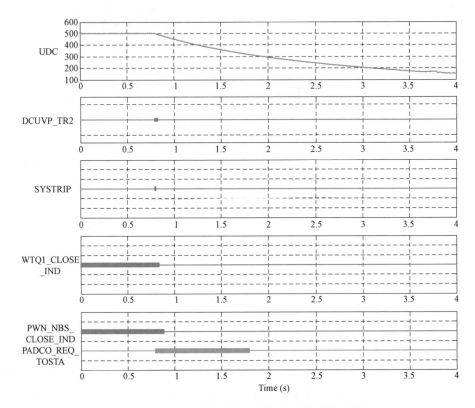

图 5 - 13　B 换流站直流低电压保护动作录波波形图

$$Idif > Ihbd\_alm$$

动作段：

Ⅰ段：$Idif > \max(Ihbd\_set1,\ k\_set1 \times Ires)$。

Ⅱ段：$Idif > \max(Ihbd\_set2,\ k\_set2 \times Ires)$。

其中 Idif 表示差动电流、Ires 表示制动电流、Ihbd_alm 表示报警定值、Ilbd_set1 表示动作Ⅰ段启动定值、Ilbd_set2 表示动作Ⅱ段启动定值、k_set1 表示动作Ⅰ段比率系数、k_set2 表示动作Ⅱ段比率系数。

（1）试验目的。该试验检验换流阀区严重故障（相间，两相接地，三相短路）时，桥臂差动保护能够隔离故障，跳闸功能逻辑正确。

（2）试验条件。

1）交流场带电设备调试完毕，试验合格；

2）控制交流母线电压在规定的运行范围内；

3）站系统调试已经完成。

（3）试验步骤。

1）等待 A 换流站与 B 换流站正极进入 HVDC 稳态运行，输送功率为零。

2）将 C 套直流极保护装置 PPR C 退出，在直流极保护装置 PPR B 上修改桥臂差动保护Ⅱ段动作定值，使该保护动作出口。

3）核实动作过程：

a. 闭锁换流阀；

b. 极隔离；

c. 跳网侧交流断路器；

d. 跳阀侧交流断路器；

e. 锁定网侧交流断路器、阀侧交流断路器；

f. 触发晶闸管；

g. 跳本极两个直流断路器；

h. 闭锁本极两个直流断路器重合闸；

i. 跳本极对端两个直流断路器；

j. 联跳对站。

（4）试验结果分析。B 换流站桥臂差动保护动作报文见表 5-8。

表 5-8　　　　　　　　B 换流站桥臂差动保护动作报文

时间	主机	报警组	事件等级	事件状态
04：51：36.911	S2P2PPR1	换流阀	紧急	下桥臂差动保护Ⅱ段，动作
04：51：36.911	S2P2PPR1	换流阀	紧急	上桥臂差动保护Ⅱ段，动作
04：51：36.911	S2P2PCP1	三取二逻辑	紧急	请求开通晶闸管，已触发
04：51：36.911	S2P2PCP1	三取二逻辑	紧急	永久性闭锁，已触发
04：51：36.911	S2P2P2F1	三取二逻辑	紧急	跳换流变压器阀侧断路器命令，已触发
04：51：36.911	S2P2P2F1	三取二逻辑	紧急	跳换流变压器进线断路器和启动失灵命令，已触发
04：51：36.911	S2P2BC11	BCU 装置事件	正常	柔性直流极保护系统-快分命令，出现
04：51：36.912	S2P2PCP1	换流阀	紧急	保护极隔离命令，出现
04：51：36.912	S2P2PCP1	顺序控制	紧急	请求联跳对站命令，发出
04：51：36.912	S2P2PCP1	换流器	紧急	保护出口闭锁换流阀，出现

B 换流站桥臂差动保护动作录波波形如图 5-14 所示。

当桥臂差动保护正极Ⅱ段动作后桥臂差动保护正极Ⅱ段动作 VDP_PTR2 信号变为 1 表示桥臂差动保护正极Ⅱ段已经动作，换流变压器阀侧开关合位状态 WTQ1_CLOSE_IND 变为 0 表示换流变压器阀侧开关已断开，中性开关合位状态 PWN_NBS_CLOSE_IND 变为 0 表示中性线开关已断开，换流变压器网侧 A/B/C 相电压 US_L1/2/3 波形在开关断开的瞬间为零，表明换流变压器网侧开关确认正确断开，联跳对站信号 PADCO_REQ_TOSTA 表示桥臂差动保护正极Ⅱ段已正确联跳对站。观察到上述录波量正确动作后可确认桥臂差动保护正极Ⅱ段正确动作。

113

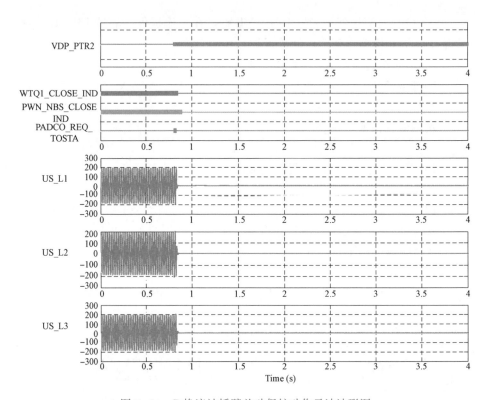

图 5-14　B 换流站桥臂差动保护动作录波波形图

5.2.9　模拟阀侧交流差动保护跳闸试验

阀侧交流差动保护是阀侧连接线区域的主保护，由换流变压器阀侧电流 IvT，换流阀上桥臂电流 IbP，换流变压器下桥臂电流 IbN 构成动作逻辑，保护原理如下：

$$Idif=|(IbP-IbN)-IvT|$$
$$Ires=|(IbP-IbN)+IvT|\times0.5$$

报警段：

$$Idif>Ihbd\_alm$$

动作段：

Ⅰ段：$Idif>max（Ihbd\_set1，k\_set1\times Ires）$。
Ⅱ段：$Idif>max（Ihbd\_set2，k\_set2\times Ires）$。

其中 Idif 表示差动电流、Ires 表示制动电流、Ihbd_alm 表示报警定值、Ilbd_set1 表示动作Ⅰ段启动定值、Ilbd_set2 表示动作Ⅱ段启动定值、k_set1 表示动作Ⅰ段比率系数、k_set2 表示动作Ⅱ段比率系数。

（1）试验目的。该试验检验换流器区严重故障（相间，两相接地，三相短路）保护跳闸功能逻辑正确。

114

（2）试验条件。

1）交流场带电设备调试完毕，试验合格；

2）控制交流母线电压在规定的运行范围内；

3）站系统调试已经完成。

（3）试验步骤。

1）将直流断路器打到旁路状态。

2）等待换流器进入稳态运行。

3）为避免控制系统切换，在被试验站退出极控制装置 PCP B、PCP A 处于值班运行状态。

4）退出 C 套直流极保护 PPR C，在极保护 PPR A 上修改阀侧交流差动保护动作定值，使保护动作出口。

5）核实动作过程：

a. 阀闭锁；

b. 跳本站本极两个直流断路器；

c. 远跳本极对站两个直流断路器；

d. 延时跳闸，极隔离；

e. 跳网侧交流断路器、阀侧交流断路器；

f. 锁定交流断路器。

6）记录试验过程并进行录波。

（4）试验结果分析。阀侧交流差动保护跳闸试验动作报文见表 5-9。

表 5-9　　　　　　　阀侧交流差动保护跳闸试验动作报文

时间	主机	报警组	事件等级	事件状态
19：30：23.213	S2P1PPR1	换流器	紧急	阀侧交流差动保护Ⅱ段 A 相，动作
19：30：23.213	S2P1PPR1	换流器	紧急	阀侧交流差动保护Ⅱ段 B 相，动作
19：30：23.213	S2P1PPR1	换流器	紧急	阀侧交流差动保护Ⅱ段 C 相，动作
19：30：23.213	S2P1P2F1	三取二逻辑	紧急	跳换流变压器进线断路器和启动失灵命令，已触发
19：30：23.213	S2P1P2F1	三取二逻辑	紧急	跳换流变压器阀侧断路器命令，已触发
19：30：23.213	S2P1P2F1	三取二逻辑	紧急	分直流断路器不启动对侧重合命令，已触发
19：30：23.213	S2P1PCP1	换流器	紧急	保护极隔离命令，出现
19：30：23.213	S2P1PCP1	顺序控制	紧急	请求联跳对站命令，发出
19：30：23.213	S2P1PCP1	换流器	紧急	保护出口闭锁换流阀，出现
19：30：23.213	S2P1L2F2	三取二逻辑	紧急	分直流断路器启动失灵不启动重合命令，已触发

第 5 章

阀侧交流差动保护跳闸试验录波波形如图 5-15 所示。

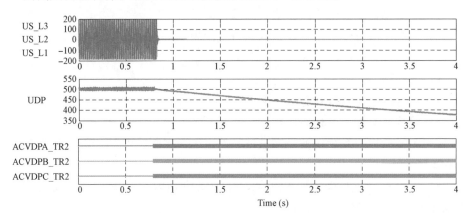

图 5-15　阀侧交流差动保护跳闸试验录波波形图

通过录波可以看出阀侧交流差动保护 A 相Ⅱ段动作 ACVDPA_TR2、阀侧交流差动保护 B 相Ⅱ段动作 ACVDPB_TR2、阀侧交流差动保护 C 相Ⅱ段动作 ACVDPC_TR2 状态由 0 变为 1 表示阀侧交流差动保护已动作，上桥臂直流电压 UDP 开始降低表示阀已闭锁，换流变压器网侧 A/B/C 相电压 US_L1/2/3 波形变为 0 表示换流变压器网侧开关已断开。观察到上述录波量正确变化后表示阀侧交流差动保护正确动作。

5.3　冗余设备切换试验

双重化配置的控制系统之间应可以进行系统切换，任何时候运行的有效控制系统应是双重化系统中较为完好的一套，当运行控制系统故障时，应根据故障等级自动切换。

冗余设备切换试验中控制系统故障后动作策略应满足如下要求：

（1）当运行系统发生轻微故障时，另一系统处于备用状态且无任何故障，则系统切换。切换后，轻微故障系统将处于备用状态。当新的运行系统发生更为严重的故障时，还可以切换回此时处于备用状态的系统。

（2）当备用系统发生轻微故障时，系统不切换。

（3）当运行系统发生严重故障时，若另一系统处于备用状态无故障或轻微故障，则系统切换。切换后，严重故障系统不能进入备用状态。

（4）当运行系统发生严重故障时，若另一系统不可用，则严重故障系统可继续运行。

（5）当运行系统发生紧急故障时，若另一系统处于备用状态，则系统切换。

切换后紧急故障系统不能进入备用状态。

（6）当运行系统发生紧急故障时，如果另一系统不可用，闭锁直流，跳网侧和阀侧断路器，不启动失灵。

（7）当备用系统发生严重或紧急故障时，故障系统不能进入备用状态。

冗余设备切换试验的试验项目、试验前状态、试验操作步骤及试验结果见表 5 - 10。

表 5 - 10　　　　　　　　　冗余设备切换试验的相关内容

试验项目	试验前状态	试验步骤	试验结果
模拟极控 PCP 备用系统正常、值班系统轻微故障	极控 PCP A 套值班 PCP B 套备用	在极控 PCP A 模拟轻微故障：模拟 PCP 控制主机单套电源故障	极控 PCP B 套值班 PCP A 套切为备用
模拟极控 PCP 备用系统正常、值班系统严重故障	极控 PCP A 套值班 PCP B 套备用	在极控 PCP A 模拟严重故障：模拟与两套 ACC 主机通信异常	极控 PCP B 切换为值班状态，直流输电系统继续正常运行
模拟极控 PCP 备用系统正常、值班系统紧急故障	极控 PCP A 套值班 PCP B 套备用	在极控 PCP A 柜模拟紧急故障：模拟 PCP 跳闸回路两套故障	极控 PCP B 切换为值班状态，直流输电系统继续正常运行
模拟极控 PCP 备用系统正常、值班系统断电	极控 PCP A 套值班 PCP B 套备用	在极控 PCP A 断开主机装置双电源	极控 PCP B 切换为值班状态，直流输电系统继续正常运行
模拟极控 PCP 备用系统轻微故障、值班系统严重故障	极控 PCP A 套值班 PCP B 套备用	在极控 PCP B 制造轻微故障：模拟 PCP 与一套 PPR 失去通信；在 PCP A 柜制造严重故障：断开接口机箱一路 IO 通信	极控 PCP B 切换为值班状态，直流输电系统继续正常运行
模拟极控 PCP 备用系统轻微故障、值班系统紧急故障	极控 PCP A 套值班 PCP B 套备用	在极控 PCP B 制造轻微故障：模拟 PCP 到 A 换流站协调控制装置 SCC 通道故障；在 PCP A 制造紧急故障：断开 VBC 发给 PCP 的 5M/50K 跳闸信号	极控 PCP B 切换为值班状态，直流输电系统继续正常运行
模拟极控 PCP 备用系统轻微故障、值班系统断电	极控 PCP A 套值班 PCP B 套备用	在极控 PCP B 制造轻微故障：模拟极间通信故障；PCP A 断开主机装置双电源	极控 PCP B 切换为值班状态，直流输电系统继续正常运行
模拟极控 PCP 备用系统严重/紧急故障、值班系统轻微故障	极控 PCP A 套值班 PCP B 套备用	在极控 PCP B 制造严重故障：模拟与两套 DCC 主机通信故障；在 PCP A 制造轻微故障：模拟 DCC 运行主机 A 网异常	极控 PCP A 保持当前运行状态，直流输电系统继续正常运行；PCP B 退出备用状态
模拟极控 PCP 备用系统严重/紧急故障、值班系统严重故障	极控 PCP B 套值班 PCP A 套备用	在极控 PCP B 制造严重故障：模拟直流场接口装置 B 两套电源故障；在 PCP A 制造紧急故障：断开 US 空气开关	极控 PCP B 保持当前运行状态，直流输电系统继续正常运行；PCP A 退出备用状态

117

切换前极控 PCP B 套值班 PCP A 套备用如图 5-16 所示。

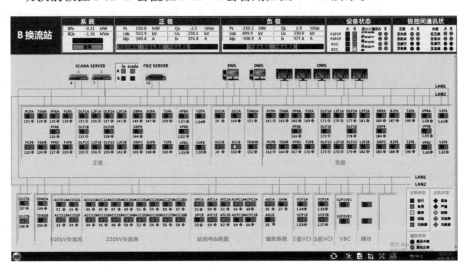

图 5-16 B 换流站极控切换前值班状态图

5.4 系统监视试验

5.4.1 控制系统之间通信中断试验

控制系统之间通信中断试验的试验项目、试验步骤、试验结果见表 5-11。

表 5-11　　　　　　　　　　　控制系统之间通信中断试验

试验内容	试验前状态	试验步骤	试验结果
模拟极控 PCP 与屏内 PCP 控制从机通信故障试验	极控 PCP A 套值班 PCP B 套备用	在极控 PCP A 柜拔掉控制主机至控制 IO 板卡的一根数据光纤	极控 PCP A 切换至备用，报"轻微故障"，PCP B 切换为值班状态
模拟极控 PCP 与直流站控 DCC 通信故障试验	极控 PCP A 套值班 PCP B 套备用	拔掉 DCC A（值班系统）至 PCP 的一路通信光纤	PCP 系统不切换
模拟极控 PCP 与 ACC 通信故障试验	极控 PCP A 套值班 PCP B 套备用	拔掉交流站控 ACC A 柜（值班系统）至 PCP 的一路通信光纤	PCP 系统不切换
模拟极控 PCP 与 PPR 通信故障试验	极控 PCP A 套值班 PCP B 套备用	拔掉极控 PCP A 至极保护 PPR 的一路光纤	极控 PCP A 切换至备用，报"轻微故障"，PCP B 切换为值班状态

续表

试验内容	试验前状态	试验步骤	试验结果
模拟极控 PCP 与 PPR 通信故障试验	极控 PCP B 套值班 PCP A 套备用	拔掉极控 PCP B 柜至极保护 PPR 的两路光纤	PCPB 报"严重故障",控制系统从 PCP B 切换至 PCP A
模拟极控 PCP 系统间通信故障试验	极控 PCP A 套值班 PCP B 套备用	拔掉极控 PCP A 至 PCP B 的一路光纤,再拔 PCP A 柜至 PCP B 的另一路光纤	两套控制系统均变为值班状态
模拟极控 PCP 对时异常试验	极控 PCP A 套值班 PCP B 套备用	在 PCP A 模拟对时异常	直流输电系统继续正常运行,不进行控制系统切换

5.4.2 主机采样故障试验

主机采样故障试验的试验项目、试验步骤、试验结果见表 5-12。

表 5-12　　　　　　　　主机采样故障试验

试验内容	试验前状态	试验步骤	试验结果
模拟网侧电压故障试验	极控 PCP A 套值班 PCP B 套备用	将 PCP A 柜网侧电压的进线空气开关断开,网侧电压信号故障	PCP A 紧急故障,退出值班状态。PCP B 切换为值班状态,直流输电系统继续正常运行
模拟交流连接线电流 Ivc 故障试验	极控 PCP A 套值班 PCP B 套备用	拔掉合并单元至 PCP A 柜内含有交流连接线电流 Ivc 的光纤	PCP A 轻微故障,退出值班状态,变为备用。PCP B 切换为值班状态,直流输电系统继续正常运行
模拟直流电压(UDP/UDN)故障试验	极控 PCP A 套值班 PCP B 套备用	拔掉合并单元至极控制装置 PCP A 屏内含有直流电压(UDP/UDN)的光纤	若控制模式为定直流电压控制,则 PCP A 紧急故障,若控制模式非定直流电压控制,则 PCP A 严重故障。PCP A 退出值班状态,PCP B 切换为值班状态,直流输电系统继续正常运行
模拟网侧电流故障试验	极控 PCP A 套值班 PCP B 套备用	在 PCP A 软件中模拟网侧电流信号故障	PCP A 紧急故障,退出值班状态。PCP B 切换为值班状态,直流输电系统继续正常运行
模拟 PCP 接收桥臂电流(Ibp/Ibn)故障试验	极控 PCP A 套值班 PCP B 套备用	拔掉合并单元至极控制装置 PCP A 屏内含有直流电压(Ibp/Ibn)的光纤	PCP A 轻微故障,退出值班状态,变为备用。PCP B 切换为值班状态,直流输电系统继续正常运行

第 5 章

5.4.3 阀控系统通信故障试验

阀控系统通信故障试验的试验项目、试验步骤、试验结果见表 5 - 13。

表 5 - 13 阀控系统通信故障试验

试验内容	试验前状态	试验步骤	关键报文
模拟极控 PCP 与阀控 VBC 上行通道故障试验	极控 PCP A 套值班 PCP B 套备用	将值班系统 PCP A 与阀控 VBC A 上行通道的光纤拔出	PCP A 紧急故障，退出值班状态。PCP B 切换为值班状态，直流输电系统继续正常运行
模拟极控 PCP 与阀控 VBC 下行通道故障试验	极控 PCP A 套值班 PCP B 套备用	将值班系统 PCP A 与阀控 VBC A 下行通道的光纤拔出	阀控 VBC A 请求切换，PCP B 切换为值班状态，直流输电系统继续正常运行
模拟极控 PCP 给阀控 VBC 值班信号通道故障试验	极控 PCP A 套值班 PCP B 套备用	在值班系统 PCP A 模拟至阀控 VBC A 的值班信号故障	阀控 VBC A 请求切换，PCP B 切换为值班状态，直流输电系统继续正常运行
模拟阀控 VBC 系统接口机箱主备系统之间通信故障试验	极控 PCP A 套值班 PCP B 套备用	将阀控 VBC A 系统接口机箱与 VBC B 系统接口机箱之间通信的光纤拔出	两套 VBC 均正常运行，直流运行正常，后台正确报出故障位置
模拟阀控 VBC 接收桥臂电流故障试验	极控 PCP A 套值班 PCP B 套备用	将阀控 VBC A 系统接口机箱接收桥臂电流的光纤拔出	阀控 VBC A 系统请求切换，PCP B 切换为值班状态，直流输电系统继续正常运行
模拟阀控 VBC 中央控制机箱与桥臂控制机箱通信故障试验	极控 PCP A 套值班 PCP B 套备用	将阀控 VBC A 系统中央控制机箱与桥臂控制机箱的上、下行通信光纤拔出	阀控 VBC A 系统请求切换，PCP B 切换为值班状态，直流输电系统继续正常运行

5.5 稳态性能试验

5.5.1 功率升降/暂停试验

功率升降/暂停试验内容如下：

（1）试验目的。本试验检验直流系统控制功率以及在升降过程中保持系统稳定运行的能力。

（2）试验条件。

1）交流场带电设备调试完毕，试验合格；

2）控制交流母线电压在规定的运行范围内；

3）站系统调试已经完成。

（3）试验步骤。

1）等待 A 换流站与 B 换流站端对端系统稳定运行；

2）修改功率参考值为 200MW，上升速率为 30MW/min；

3）在功率升过程中，进行"暂停"操作，可停止功率上升。

（4）试验结果分析。B 换流站功率升降/暂停试验功率上升波形如图 5-17 所示。

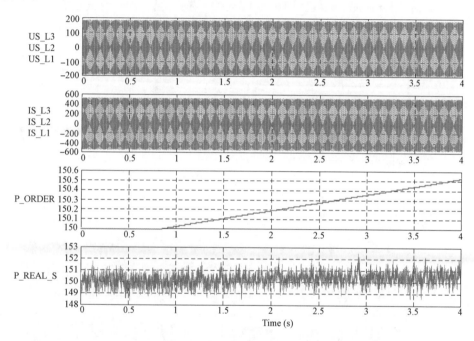

图 5-17　B 换流站功率升降/暂停试验功率上升波形图

稳态性能试验暂停升功率录波波形如图 5-18 所示。

稳态性能试验开达到 200MW 指令终点录波波形如图 5-19 所示。

上述功率升降/暂停试验功率升降过程中，有功功率 P_REAL_S 跟随有功功率指令值 P_ORDER 平稳升降，换流变压器网侧 A/B/C 相电压 US_L1/2/3、换流变压器网侧 A/B/C 相电流 IS_L1/2/3 在功率升降过程中波形正常无畸变。

5.5.2　功率反转试验

（1）试验目的。该试验验证在单极功率控制模式下，功率反转的功能。

（2）试验条件。

1）交流场带电设备调试完毕，试验合格；

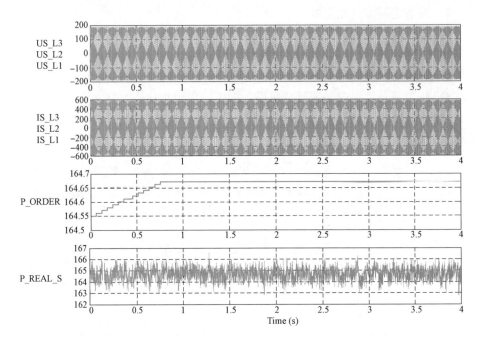

图 5 - 18　B换流站功率升降/暂停试验功率暂停波形图

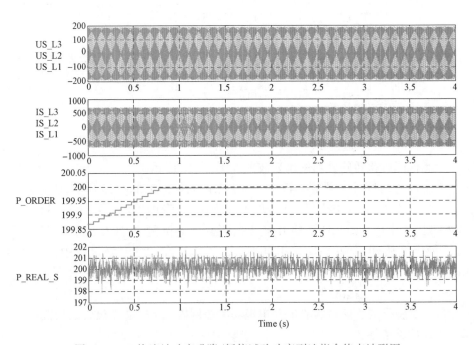

图 5 - 19　B换流站功率升降/暂停试验功率到达指令终点波形图

2）控制交流母线电压在规定的运行范围内；

3）站系统调试已经完成。

（3）试验步骤。

1）A 换流站与 B 换流站端对端直流系统解锁；

2）设置直流有功功率为 150MW，上升速率为 30MW/min；

3）等待直流系统稳定；

4）设置直流有功功率为－50MW，下降速率为 30MW/min；

5）设置直流有功功率为 150MW，上升速率为 30MW/min；

6）核实功率在预定的时间内反转，直流电压、功率的变化是平稳的；

7）停运 A 换流站与 B 换流站端对端直流系统。

（4）试验结果分析。

B 换流站功率由 150MW 反转至－50MW 的起始录波波形如图 5 - 20 所示。

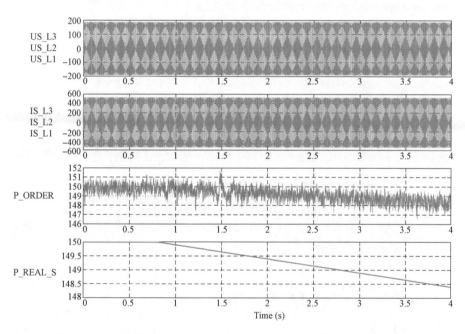

图 5 - 20　B 换流站功率由 150MW 反转至－50MW 的起始录波波形图

B 换流站功率反转试验功率转至－50MW 录波波形如图 5 - 21 所示。

B 换流站功率由－50MW 反转至 150MW 的起始录波波形如图 5 - 22 所示。

B 换流站功率反转试验功率转至 150MW 录波波形如图 5 - 23 所示。

上述功率反转试验功率升降过程中，有功功率 P_REAL_S 跟随有功功率指

123

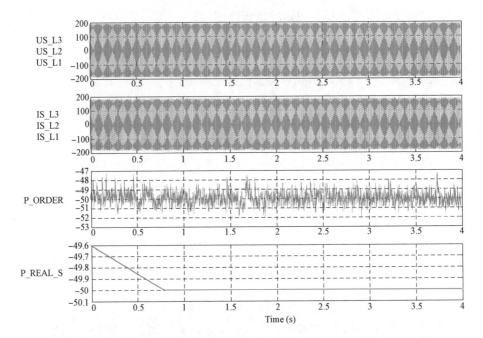

图 5 - 21　B 换流站功率反转至—50MW 录波波形图

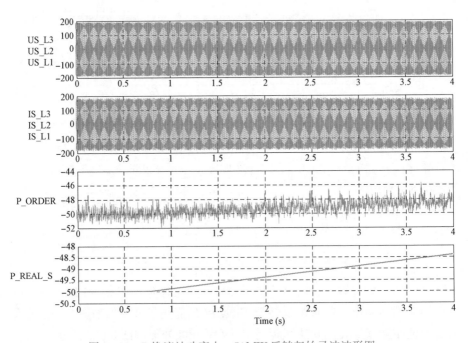

图 5 - 22　B 换流站功率由—50MW 反转起始录波波形图

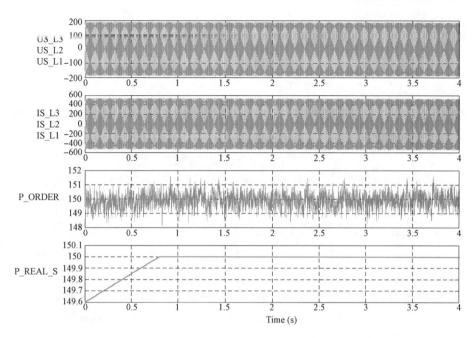

图 5 - 23　B 换流站功率反转至 150MW 录波波形图

令值 P_ORDER 平稳升降，换流变压器网侧 A/B/C 相电压 US_L1/2/3、换流变压器网侧 A/B/C 相电流 IS_L1/2/3 在功率升降过程中波形正常无畸变。

5.6　动态性能试验

5.6.1　有功功率指令阶跃试验

有功功率指令阶跃试验内容如下：

（1）试验目的。该试验检验控制器满足技术规范中对有功功率指令阶跃动态响应时间的规定，并完成控制器的最优化。

（2）试验条件。

1）交流场带电设备调试完毕，试验合格；

2）控制交流母线电压在规定的运行范围内；

3）站系统调试已经完成。

（3）试验步骤。

1）等待 A 换流站与 B 换流站端对端系统稳定；

2）设置直流有功功率为 150MW，上升速率为 30MW/min；

3）等待直流系统稳定；

4）在极控制装置 PCP 值班系统中施加持续时间为 1s、幅值为指令值 100%

125

的有功功率指令阶跃（应先上阶跃再下阶跃）；

5）核实响应时间及超调量在预期的范围内。

（4）试验结果分析。B换流站有功功率指令阶跃试验前站系统状态如图5-24所示。

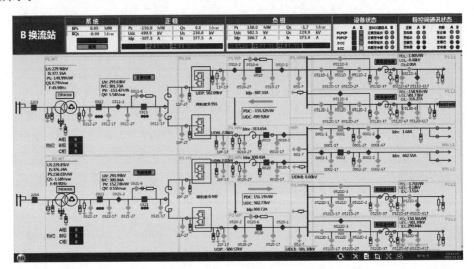

图5-24　B换流站有功功率指令阶跃试验前站系统图

有功功率＋150MW，1s后有功功率－150MW。

上升超调：（347.2－300）/150×100％＝31.5％，上升时间：34ms。

下降超调：（150－95.6）/150×100％＝36.3％，下降时间：31.4ms。

B换流站有功功率指令阶跃试验录波波形如图5-25所示。

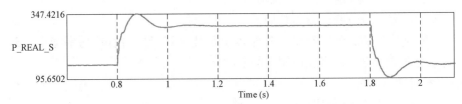

图5-25　B换流站有功功率指令阶跃试验录波波形图

5.6.2　交流电压指令阶跃试验

交流电压指令阶跃试验内容如下：

（1）试验目的。该试验检验控制器满足技术规范中对交流电压指令阶跃动态响应时间的规定，并完成控制器的最优化。

（2）试验条件。

1）交流场带电设备调试完毕，试验合格；

2）控制交流母线电压在规定的运行范围内；

3）站系统调试已经完成。

（3）试验步骤。

1）设置直流有功功率为150MW，上升速率为30MW/min；

2）在PCP值班系统中向B换流站施加持续时间为1s，幅值为3kV的交流电压指令阶跃（应先下阶跃再上阶跃）；

3）核实响应时间及超调量在预期的范围内。

（4）试验结果分析。B换流站交流电压指令阶跃试验前站系统状态图如图5-26所示。

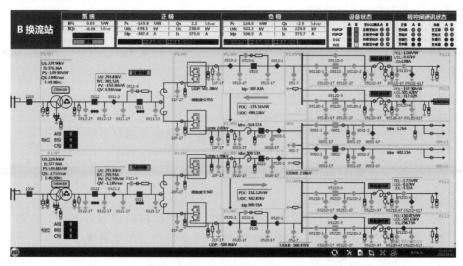

图5-26　B换流站交流电压指令阶跃试验前站系统图

230kV目标下，先下阶跃3kV再上阶跃3kV。

下降超调：40%，下降时间：49.6ms。

上升超调：36.7%，上升时间：50ms。

B换流站交流电压指令阶跃试验录波波形如图5-27所示。

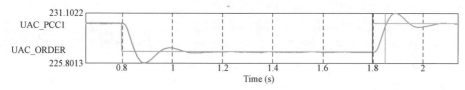

图5-27　B换流站交流电压指令阶跃试验录波波形图

5.7 扰动试验

5.7.1 丢失 220V 直流电源系统 C 试验

丢失 220V 直流电源系统 C 试验内容如下:

(1) 试验目的。该试验检验直流屏以及继电器小室屏柜丢失 220V 直流电源系统 C 后,直流系统应继续稳定运行,不会造成系统停运。

(2) 试验条件。

1) 交流系统条件。交流场设备带电试验完毕,试验合格;控制 A 换流站交流母线电压在规定运行的范围内。

2) 直流系统条件。站系统调试阶段的不带电保护跳闸试验已完成,被试换流站的紧急停运试验已完成。

(3) 试验步骤。

1) A 换流站与 B 换流站端对端运行,A 换流站定直流电压,B 换流站定功率;

2) 设置直流有功功率为 150MW,上升速率为 30MW/min;

3) 等待直流系统稳定;

4) 断开 220V 直流系统 C 电源屏中的蓄电池供电电源开关;

5) 断开 220V 直流系统 C 电源屏中的交流供电电源开关;

6) 核对告警事件,记录 PCP 的状态;

7) 核实输送功率正常;

8) 重新合上 220V 直流系统 C 电源屏中的蓄电池供电电源开关;

9) 重新合上 220V 直流系统 C 电源屏中的交流供电电源开关;

10) 核实输送功率正常;

11) 记录并存储所有试验记录;

12) 试验完成后在试验报告上签字。

(4) 试验结果分析。断开 220V 直流系统 C 电源屏的蓄电池供电电源及交流供电电源后直流系统稳定运行。极控 PCP A/B 的装置电源、信号电源正常,保护装置 A 套、B 套运行正常,保护装置 C 套信号电源丢失,严重故障。

5.7.2 丢失 220V 直流电源系统 A 试验

丢失 220V 直流电源系统 A 试验内容如下:

(1) 试验目的。该试验检验直流屏柜丢失 220V 直流电源系统 A 后,直流系统应继续稳定运行,不会造成系统停运。

(2) 试验条件。

1) 交流系统条件。交流场设备带电试验完毕,试验合格;A 换流站交流母线电压在规定的运行范围内。

2）直流系统条件。站系统调试阶段的不带电保护跳闸试验已完成，被试换流站的紧急停运试验已完成。

（3）试验步骤。

1）A换流站与B换流站端对端运行，A换流站定直流电压，B换流站定功率；

2）设置直流有功功率为150MW，上升速率为30MW/min；

3）等待直流系统稳定；

4）断开220V直流系统A电源屏中的蓄电池供电电源开关；

5）断开220V直流系统A电源屏中的交流供电电源开关；

6）核对告警事件，记录PCP的状态；

7）核实输送功率正常；

8）重新合上220V直流系统A电源屏中的蓄电池供电电源开关；

9）重新合上220V直流系统A电源屏中的交流供电电源开关；

10）核实输送功率正常；

11）记录并存储所有试验记录；

12）试验完成后在试验报告上签字。

（4）试验结果分析。断开220V直流系统A电源屏的蓄电池供电电源及交流供电电源后直流系统稳定运行。极控PCP A/B的单路装置电源故障。极控PCP A的信号电源丢失，严重故障。保护装置A套、B套、C套单路装置电源丢失。保护装置A套信号电源丢失，严重故障。

通过与220V直流电源系统C断开试验对比可以看出，220V直流电源系统A接入的设备更多，影响范围更大。

5.7.3　交流400V辅助电源切换试验

交流400V辅助电源切换试验内容如下：

（1）试验目的。该试验检验换流阀失去一路交流400V辅助电源后，备自投动作可靠切换至另一路交流辅助电源，直流系统应继续稳定运行，不会造成系统停运或功率波动。

（2）试验条件。

1）交流系统条件。交流场设备带电试验完毕，试验合格；控制A换流站交流母线电压在规定的运行范围内。

2）直流系统条件。站系统调试阶段的不带电保护跳闸试验已完成，被试换流站的紧急停运试验已完成。

（3）试验步骤。

1）A换流站与B换流站端对端运行，A换流站定直流电压，B换流站定功率；

2）设置直流有功功率为150MW，上升速率为30MW/min；

3）等待直流系统稳定。

站用电系统如图5-28所示。

B换流站操作：

1）拉开211断路器，401断路器自动拉开，412断路器自动闭合。

2）合上211断路器，412断路器自动拉开，401断路器自动闭合。

3）拉开212断路器，403断路器自动拉开，434断路器自动闭合。

4）合上212断路器，434断路器自动拉开，403断路器自动闭合。

A换流站操作：

1）拉开221断路器，406断路器自动拉开，456断路器自动闭合。

2）合上221断路器，456断路器自动拉开，406断路器自动闭合。

3）拉开222断路器，404断路器自动拉开，434断路器自动闭合。

4）合上222断路器，434断路器自动拉开，404断路器自动闭合。

5）核实输送功率正常。

6）记录并存储所有试验记录。

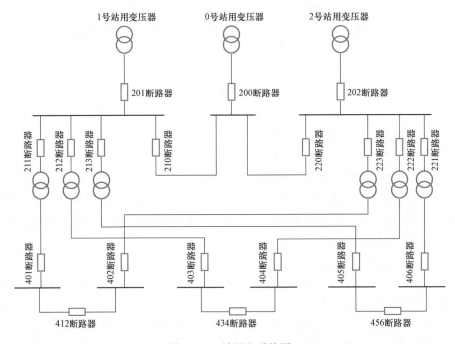

图5-28　站用电系统图

（4）试验结果分析。试验过程中断开一路交流 400V 辅助电源后，备自投动作可靠切换至另一路交流辅助电源，直流系统继续稳定运行。

5.7.4　其他扰动试验

其他扰动试验内容如下：

（1）试验目的。该试验检验直流设备发生故障（通过模拟直流场 TV 断线故障），造成直流控制系统切换，直流系统应继续稳定运行，不会造成系统停运或功率波动。

（2）试验条件。

1）交流系统条件。交流场设备带电试验完毕，试验合格；控制 A 换流站交流母线电压在规定的运行范围内。

2）直流系统条件。站系统阶段的不带电保护跳闸试验已完成，被试换流站的紧急停运试验已完成。

（3）试验步骤。直流场 TV 断线故障试验如下：

1）启动 A 换流站与 B 换流站端对端正极系统，功率为 150MW；

2）进行系统切换，等待直流系统稳定运行 1min，极控 A 为值班状态；

3）在合并单元屏柜 A 处断开直流母线电压 UDP 二次电缆线或光线，约 1min，再恢复接线；

4）核实后台事件记录报极控 A "直流母线电压低" "直流母线电压测量异常"；

5）核实极控系统切换；

6）恢复接线后，极控 A 由故障状态转为备用，极控 B 为值班系统；

7）在合并单元屏柜 B 处断开直流母线电压 UDP 二次电缆线或光线，约 1min，再恢复接线；

8）核实后台事件记录报极控 B "直流母线电压低" "直流母线电压测量异常"；

9）核实极控系统切换；

10）恢复接线后，极控 B 由故障状态转为备用，极控 A 为值班系统。

（4）试验结果分析。直流场设备发生故障后（直流分压器 TV 断线），造成直流极控切换直流系统可继续稳定运行。

第5章

第 6 章

四端系统调试

张北柔直工程是世界上第一个真正具有网络特性的四端环形直流电网，配置有直流电网上层控制系统调节电网的运行方式，具有能够开断直流电流的直流断路器以及更加复杂的保护系统等，因此在进行站系统调试和端对端调试后，有必要对柔性直流电网的网络特性进行现场考核，本章列举了四端调试中启停试验、无通信扰动试验、运行方式优化试验、直流断路器专项试验及 MBS 动作策略验证试验等，对张北柔直工程四端调试内容进行介绍。

6.1　四端顺序控制及启停试验

张北柔直工程具有真正意义的网络特性，其运行方式灵活多变，四端电网启停方法也复杂多样，因此在现场试验中，需要对四端电网的启动与停运进行试验。

四端换流器全接线孤岛方式顺控及启停试验内容如下：

（1）试验目的。检验直流电网在四端换流器全接线孤岛方式下的顺控功能与启停功能正常。

（2）试验条件。

1）交流系统条件。

a. 交流系统已经准备好输送 200MW 功率；

b. 控制两侧交流母线电压在规定的运行范围内。

2）直流系统条件。极 1 和极 2 系统调试已完成。

（3）试验步骤。

1）核实 A 换流站接地正常，接地开关显示为红色。

2）将 BA、BC、DC、DA 金属回线转为连接状态，各金属回线 MBS 开关为红色，如图 6-1 所示。

3）将双极的 DA 直流线路转为连接状态，DA 直流线路中直流断路器显示为红色，如图 6-2 所示。

4）D 换流站换流器进行"联网"方式下极连接，确认 RFE（准备好带电）条件满足后，合上交流断路器进行不控充电，并密切监视网侧电压，如图 6-3 所示。

5）D 换流站换流器 RFO（准备好解锁）条件满足后，单击"解锁"；核实

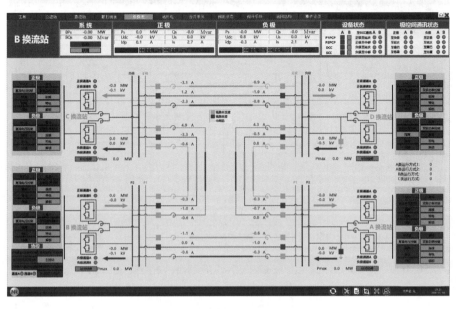

图 6-1　四端环网金属回线转连接

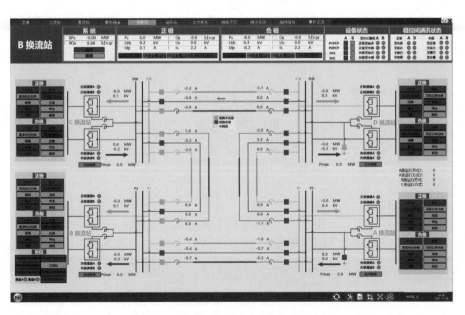

图 6-2　四端环网 DA 直流线路转连接

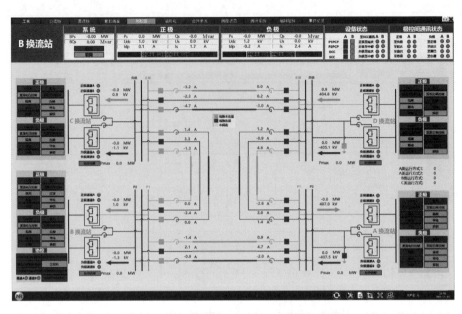

图 6-3 四端环网 D 换流站联网充电

D 换流站换流器正常运行，换流阀显示为红色，解锁后为定直流电压控制，直流电压达到 500kV（或者－500kV），如图 6-4 所示。

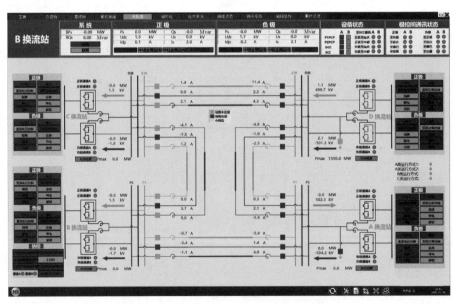

图 6-4 四端环网 D 换流站换流器解锁

6）单击"投入"，本极直流母线快速开关闭合，D 换流站换流器投入电网运行。

7）核实 B 换流站 500kV 交流线路进线开关处于分位；B 换流站换流器进行"孤岛"方式下极连接，确认 RFE（准备好带电）条件满足后，将 BA 直流线路转运行，BA 直流线路直流断路器显示为红色，同时为 B 换流站换流器进行直流充电，如图 6-5 所示。

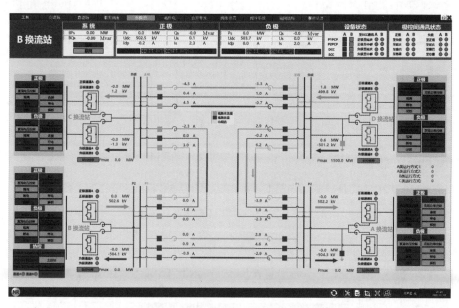

图 6-5 四端环网 BA 线路连接及 B 换流站孤岛直流充电

8）B 换流站换流器 RFO（准备好解锁）条件满足后，单击"解锁"，换流阀显示为红色，如图 6-6 所示。

9）核实 C 换流站 500kV 交流线路进线开关处于分位；C 换流站换流器进行"孤岛"方式下极连接，确认 RFE（准备好带电）条件满足后，将 BC 直流线路转运行，BC 直流线路直流断路器显示为红色，同时为 C 换流站换流器进行直流充电，如图 6-7 所示。

10）C 换流站换流器 RFO（准备好解锁）条件满足后，单击"解锁"，换流阀显示为红色，如图 6-8 所示。

11）将 DC 直流线路转运行，DC 直流线路直流断路器显示为红色，如图 6-9 所示。

12）A 换流站换流器进行"联网"方式下极连接，确认 RFE（准备好带电）条件满足后，合上交流断路器进行不控充电，并密切监视网侧电压；A 换流站换流器 RFO（准备好解锁）条件满足后，单击"解锁"，换流阀显示为红色；核

135

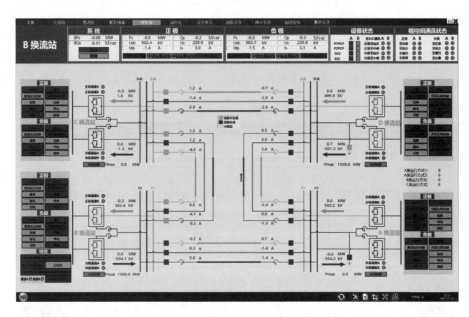

图 6 - 6　四端环网 B 换流站孤岛解锁

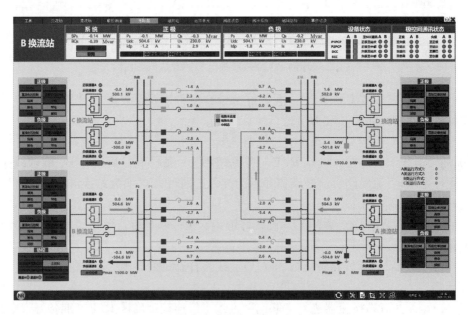

图 6 - 7　四端环网 C 换流站孤岛直流充电

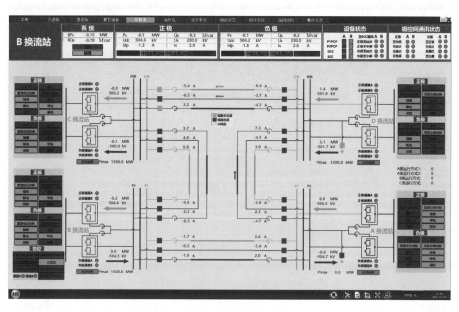

图 6-8　四端环网 C 换流站孤岛解锁

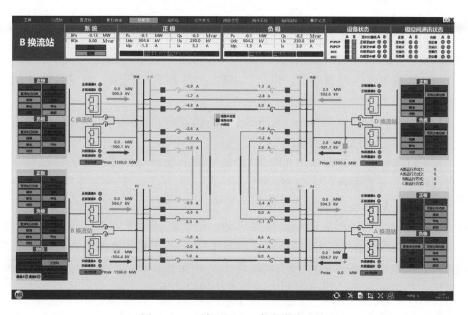

图 6-9　四端环网 DC 直流线路连接

实 A 换流站换流器正常运行，解锁后为定直流电压控制；单击"投入"，本极直流母线快速开关闭合，A 换流站换流器投入电网运行，站间协调控制装置自动将其切换为定有功功率控制，如图 6 - 10 所示。

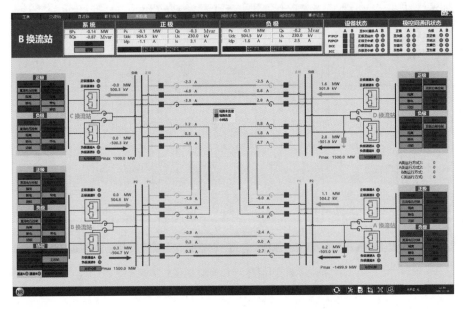

图 6 - 10　四端环网 A 换流站解锁运行

13）C 换流站换流器单击"退出"，核实换流器自动闭锁，直流母线快速开关自动拉开，并自动进行极隔离。

14）B 换流站换流器单击"退出"，核实换流器自动闭锁，直流母线快速开关自动拉开，并自动进行极隔离。

15）A 换流站换流器单击"退出"，核实换流器自动闭锁，直流母线快速开关自动拉开，并自动进行极隔离。

16）D 换流站换流器单击"退出"，核实换流器自动闭锁，直流母线快速开关自动拉开，并自动进行极隔离。

（4）上述启动过程是通过受端换流站交流系统为直流母线建立电压，通过直流线路充电实现两孤岛送端换流站启动，最后将其他受端换流站投入的方式实现四端直流断网的启动，另外结合现场实际，张北柔性直流电网现场调试中对四端直流电网的各种启停方法均进行了实际操作，以"两横两竖法"最为清晰明了，简洁易实行。以下简要介绍该方法的启动流程。

1）将 A 换流站接地电阻连上；

2）四条直流线路的金属回线使用 MBS 连接上；

3）将四条直流正负极线路的隔离开关连接上；

4）将 BA、DC 直流正负极线路两侧直流断路器合上，将线路转连接；

5）将各站正负极换流器极连接；

6）合上 D 换流站与 A 换流站的换流器进线开关，为各站换流器充电，各直流电压应达到±410kV，之后 D 换流站与 A 换流站换流器应进入 RFO 状态；

7）解锁 D 换流站与 A 换流站，各直流电压应达到±500kV，D 换流站与 A 换流站为定直流电压控制；

8）核实 B 换流站与 C 换流站具备 RFO 条件，执行解锁，解锁后为双极功率控制（孤岛方式）；

9）将 BC、DA 直流正负极线路用两侧直流断路器转连接，A 换流站设置为有功功率控制，并将双极由"单极功率控制"转为"双极功率控制"。

6.2 无站间通信扰动试验

6.2.1 无站间通信，控制系统切换试验

张北柔直工程中站间通信主要有以下作用：

（1）线路三取二装置 L2F 之间的通信主要用于发送线路间的远跳指令。

（2）线路保护装置 DLP 之间的通信主要是将本侧电流发送给对侧，用于线路纵差保护。

（3）极控制装置 PCP 之间的极间通信以及站间协调控制装置 SCC 之间的站间通信主要用于站间的顺控连锁、运行方式优化、电压协调控制、直流电压运行范围控制等。

本次无站间通信控制系统切换试验进行的是站间协调控制装置 SCC 的无站间通信试验。

（1）试验目的。直流控制系统有 A、B 系统，一主一备，本试验检验手动系统切换功能是否正常。

（2）试验条件。

1）交流系统条件。

a. 交流场设备带电试验完毕，试验合格；

b. 交流系统已经准备好通过张北向北京输送 200MW 功率；

c. 控制两侧交流母线电压在规定的运行范围内。

2）直流系统条件。B 换流站和 A 换流站 OLT 试验已完成。

（3）试验步骤。

1）四端直流电网正极按顺序控制进入"解锁"状态，等直流电压达到 500kV 且稳定后，断开站间通信，如图 6-11 所示。

2）在 OWS 运行人员控制界面将该极控制系统 PCPA 切换到备用。

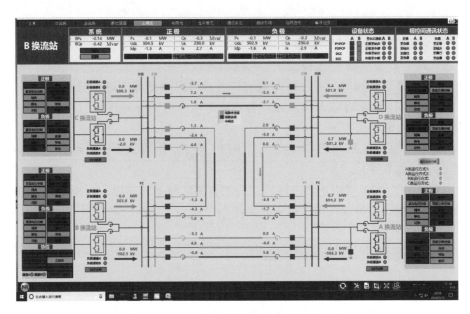

图 6-11　无通信切换试验前四端环网状态

3）检查 PCPB 已变为有效系统，切换时无扰动，直流输电系统继续正常运行。

4）检查阀控系统 VBC 由 A 系统切换到 B 系统。

5）在 OWS 运行人员控制界面上，将 DCC A 切换到备用。

6）检查 DCC B 已变为有效系统，直流输电系统继续正常运行，如图 6-12 所示。

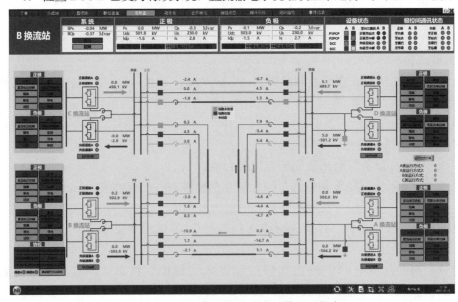

图 6-12　无通信切换试验后四端环网状态

7）恢复站间通信。

（4）试验结果分析。B 换流站无通信，控制系统切换试验报文见表 6-1。

表 6-1　　　　　　　　　B 换流站无通信，控制系统切换试验报文

时间	主机名	事件等级	报警组	事件状态
22:10:06.314	S2TSWS1	报警	系统监视	严重故障，出现
22:10:06.391	S2TSWD1	报警	系统监视	第 5 号插件 NR1239 板卡第 2 号光口接收，异常
22:10:31.026	S2DCCT1	报警	站间通信	正极与 A 换流站 SCC 通信 B 通道，故障
22:10:31.027	S2DCCT1	报警	站间通信	正极与 A 换流站 SCC 通信，故障
22:10:31.029	S2DCCT1	轻微	系统监视	轻微故障，出现
22:10:31.035	S2DCC1	轻微	系统监视	轻微故障，出现
22:10:31.091	S2TSWD1	报警	系统监视	第 5 号插件 NR1239 板卡第 1 号光口接收，异常
22:10:31.092	S2TSWD1	报警	系统监视	严重故障，出现
22:10:40.433	S2SCC1	报警	站间通信	与 B 换流站正极通信，故障
22:10:40.433	S2SCC1	报警	站间通信	与 B 换流站正极通信 B 通道，故障
22:10:40.434	S2SCC1	报警	系统监视	严重故障，出现
22:10:40.435	S2SCC1	正常	切换逻辑	值班
22:10:40.435	S2SCC1	正常	切换逻辑	退出值班
22:10:40.435	S2SCC1	轻微	切换逻辑	退出备用
22:10:40.468	S2DCCT1	报警	站间通信	正极与 B 换流站 SCC 通信 B 通道，故障
22:10:40.470	S2DCCT1	报警	站间通信	正极与 B 换流站 SCC 通信，故障
22:10:40.569	S2TSWS1	报警	系统监视	第 3 号插件 NR1239 板卡第 2 号光口接受，异常
22:10:40.570	S2TSWS1	报警	系统监视	严重故障，出现
22:10:40.889	S2TSWD1	报警	系统监视	第 5 号插件 NR1239 板卡第 2 号光口接收，异常
22:17:21.678	S2P1PCP1	正常	切换逻辑	zb-s2o4/None 发出指令，备用
22:17:21.679	S2P1PCP1	正常	切换逻辑	值班
22:17:21.679	S2P1PCP1	正常	切换逻辑	退出值班
22:17:21.679	S2P1PCP1	正常	切换逻辑	备用
22:17:21.679	S2P1VCP1	正常	系统监视	VCP 值班信号，出现
22:17:21.679	S2P1VCP1	正常	系统监视	VCP 备用信号，消失

B换流站无通信控制系统切换试验波形如图 6 - 13、图 6 - 14 所示。

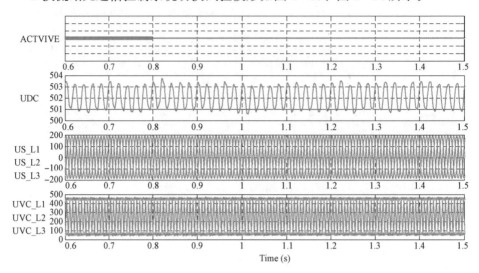

图 6 - 13　B换流站无通信切换试验 PCP 装置直流电压及换流变压器交流电压波形

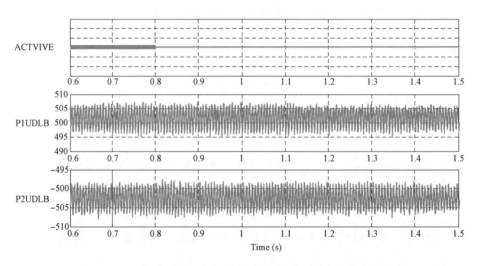

图 6 - 14　B换流站无通信切换试验 DCC 装置直流母线电压波形

通过图 6 - 11 可以发现，试验开始前 B 换流站正极控制系统，站控系统以及协调控制系统均为 A 套值班，B 套为备用系统，设置 B 换流站正极与 A 换流站 SCC、B 换流站 SCC 均通信故障后，如图 6 - 12 所示，正极控制系统 PCP 值班系统切换，阀控系统 VCP 值班系统跟随切换，直流站控系统 DCC 值班系统也成功切换。从图 6 - 13 中 PCP 装置波形中可以看出，极控系统 PCP 值班系统切换时，直流电压 UDC、换流变压器网侧电压 US、换流变压器阀侧电压 UV 波形无明显扰动，系统正常运行；从图 6 - 14 中 DCC 装置波形中可以看出，直流站控系统 DCC 值班系统切换时，正、负极极母线电压 UDLB 波形无明显扰动，系统运行正常。

6.2.2　无站间通信，紧急停运试验

无站间通信，紧急停运试验内容如下：

（1）试验目的。检验手动启动紧急停运功能。从安全角度来看，该试验对后续的带负荷试验，尤其是大负荷试验是非常重要的。

（2）试验条件。

1）交流系统条件。

a. 交流场设备带电试验完毕，试验合格；

b. 交流系统已经准备好通过张北向北京输送 200MW 功率；

c. 控制两侧交流母线电压在以下范围内。

2）直流系统条件。B 换流站和 A 换流站 OLT 试验已完成。

（3）试验步骤。

1）四端直流电网正极按顺序控制进入"解锁"状态，等直流电压达到 500kV 且稳定后，断开站间通信，如图 6 - 15 和图 6 - 16 所示。

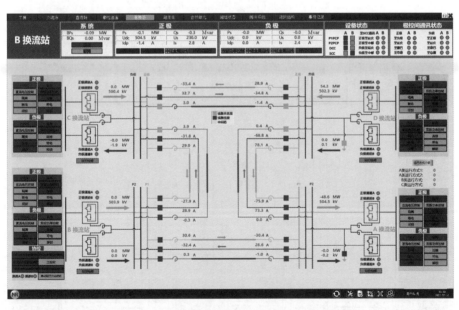

图 6 - 15　无通信紧急停运试验前四端环网状态

2）断开站间通信，B 换流站站间通信通道变为红色，如图 6 - 17 所示。

3）B 换流站按下"紧急停运"按钮，核实本侧换流器闭锁且交流断路器跳

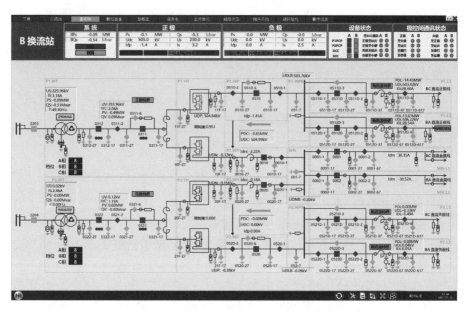

图 6-16　无通信紧急停运试验前直流场状态

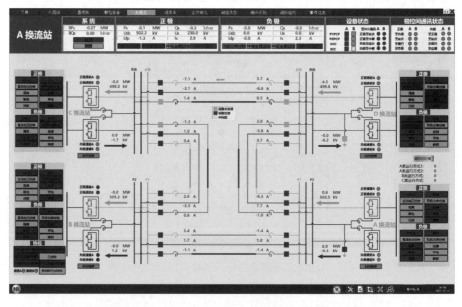

图 6-17　无通信紧急停运试验时 SCC 通信状态

开，对侧换流器保持运行，为直流电压控制，如图 6 - 18 所示。

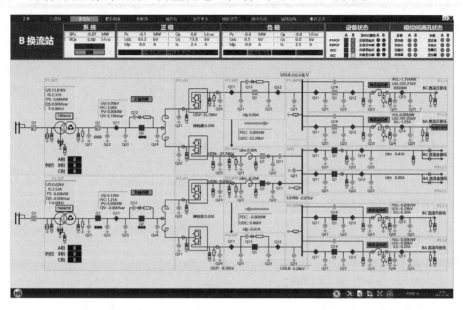

图 6 - 18　无通信紧急停运试验后直流场状态

　　4）恢复站间通信。

　　（4）试验结果分析。B 换流站无通信，紧急停运试验报文见表 6 - 2。

表 6 - 2　　　　　　　　　　　B 换流站无通信，紧急停运试验报文

时间	主机名	事件等级	报警组	事件状态
04:54:59.998	S2TSWS1A	报警	系统监视	第 3 号插件 NR1239 板卡第 2 号光口接收异常
04:55:00.012	S2TSWS1A	报警	系统监视	第 5 号插件 NR1239 板卡第 2 号光口接受异常
04:54:59.302	S2DCCT1	报警	站间通信	正极与 B 换流站 SCC 通信 A 通道故障
04:54:59.302	S2DCCT1	报警	站间通信	负极与 B 换流站 SCC 通信 A 通道故障
04:54:59.303	S2DCCT1	报警	站间通信	正极与 A 换流站 SCC 通信 A 通道故障
04:54:59.303	S2DCCT1	报警	站间通信	负极与 A 换流站 SCC 通信 A 通道故障
04:54:59.998	S2TSWS1B	报警	系统监视	第 3 号插件 NR1239 板卡第 2 号光口接收异常
04:55:00.012	S2TSWS1B	报警	系统监视	第 5 号插件 NR1239 板卡第 2 号光口接收异常
04:55:05.358	S2DCCT1	报警	站间通信	负极与 B 换流站 SCC 通信 B 通道故障
04:55:05.359	S2DCCT1	报警	站间通信	正极与 B 换流站 SCC 通信 B 通道故障
04:55:05.359	S2DCCT1	报警	站间通信	正极与 A 换流站 SCC 通信 B 通道故障
04:55:05.359	S2DCCT1	报警	站间通信	负极与 B 换流站 SCC 通信 B 通道故障
04:55:05.360	S2SCC1	报警	系统监视	严重故障出现

续表

时间	主机名	事件等级	报警组	事件状态
04：55：05.361	S2SCC1	正常	切换逻辑	值班
04：55：05.361	S2SCC1	正常	切换逻辑	退出值班
04：55：05.361	S2SCC1	轻微	切换逻辑	退出备用
04：55：05.362	S2SCC1	轻微	切换逻辑	退出备用
04：55：05.363	S2SCC1	正常	切换逻辑	值班
04：55：05.367	S2DCC1	轻微	系统监视	轻微故障出现
04：57：23.081	S2P1PCP1	紧急	换流器	保护极隔离命令出现
04：57：23.081	S2P1PCP1	紧急	顺序控制	发出紧急停运跳闸命令
04：57：23.081	S2P1PCP1	紧急	换流器	保护出口闭锁换流阀出现
04：57：23.085	S2P1L2F2	紧急	三取二逻辑	分直流断路器启动失灵、不启动重合命令，已触发
04：57：23.085	S2P1L2F1	紧急	三取二逻辑	分直流断路器启动失灵、不启动重合命令，已触发
04：57：23.104	S2DCC1	正常	正极线路	P1.L1.Q1（0511D），分开
04：57：23.104	S2DCC1	正常	正极线路	P1.L2.Q1（0512D），分开
04：57：23.118	S2P1PCP1	正常	交流场断路器	P1.WT.Q1（0312），断开
04：57：23.145	S2P1PCP1	正常	直流场断路器	0010，断开
04：57：23.405	S2P1PCP1	正常	直流场断路器	P1.WP.Q1（0510），断开

　　通过图 6-15、图 6-16 可以发现，试验开始前 B 换流站正极控制系统，站控系统以及协调控制系统均为 A 套值班，B 套备用，协调控制系统 SCC 为 B 套值班，A 套备用。B 换流站极控 PCP 与 A 换流站协调控制系统 SCC、B 换流站协调控制系统 SCC 均通信故障后，按紧急停运按钮，B 换流站正极成功停运，如图 6-18 所示。从图 6-19 中 PCP 装置波形中可以看出，极控系统 PCP 值班系统未切换，系统跳闸 SYSTRIP 命令发出后，正极换流阀解锁 DE-BLOCK 状态消失，0312 断路器合位信号 WTQ1_CLOSE_IND 消失，0510 断路器合位信号 WPQ1_CLOSE_IND 以及 0001 直流转换开关合位信号 PWN_NBS_CLOSE_IND 随即消失。从图 6-20 中 DCC 装置波形中可以看出，极 1 紧急停运信号EMERGENCY_STOP_P1 出现后，极 1 解锁信号 DEBLOCK_P1 消失，0511 直流断路器分位信号 P1DB1_OPEN_IND、0512 直流断路器分位信号

P1DB2_OPEN_IND 出现，由此可见，站间通信中断后，按下正极紧急停运按钮，正极直流系统可正常闭锁，交流断路器和直流断路器可正常跳开。

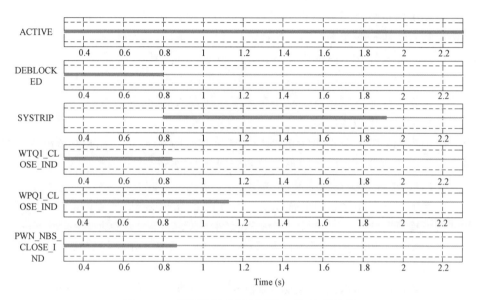

图 6-19　无通信紧急停运试验 PCP 装置波形

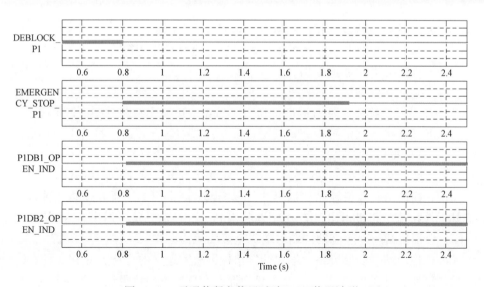

图 6-20　无通信紧急停运试验 DCC 装置波形

147

6.3 运行方式优化试验

张北柔性直流电网其运行方式灵活多变，电网运行中同时满足以下条件后协调控制系统执行优化命令：

（1）收到柔性直流电网中任一站任一极事故总信号；

（2）柔性直流电网中至少有一个站任一极换流器运行；

（3）柔性直流电网运行方式不在标准运行方式范围；

（4）协控优化功能使能。

协调控制系统可根据既定的运行方式优化执行优先级，请求各站极控和直流站控完成换流器退出、极线退出及金属回线退出等指令。

6.3.1 张北工程四端电网运行方式

直流电网的基本运行方式满足 $N-1$ 方式下电网保持正常运行，并考虑单一元件故障检修。

张北柔直工程除全接线运行方式外，还考虑了单一元件检修或故障造成的以下运行方式。

（1）单极换流器退出（与该换流器相连的所有直流极线均运行）；

（2）单极线路退出；

（3）单极换流器及其相连的所有直流极线均退出；

（4）单回金属回线退出；

（5）单站换流器及其相连的所有金属回线均退出；

（6）单站退出（与该换流站相连的所有直流极线均运行）；

（7）同杆并架单通道退出。

除上述四端联网运行方式外，张北柔性直流电网还考虑端对端的运行方式，即 B 换流站—A 换流站端对端运行和 C 换流站—D 换流站端对端运行工况。

张北柔直工程在运行初期，共设置了 9 种基础运行方式，如图 6-21 所示。

1）端对端运行方式。

a. B 换流站—A 换流站"端对端"全接线运行方式共 1 种，为 A1。

b. B 换流站—A 换流站"端对端"单极因故障退出的运行方式共 2 种：B 换流站—A 换流站正极退出，为 A2；B 换流站—A 换流站负极退出，为 A3。

c. C 换流站—D 换流站"端对端"全接线运行方式共 1 种，为 A4。

d. C 换流站—D 换流站"端对端"单极因故障退出的运行方式共 2 种：C 换流站—D 换流站正极退出，为 A5；C 换流站—D 换流站负极退出，为 A6。

单个"端对端"运行时，采用各自的金属回线及接地点。两个"端对端"同时独立运行时，金属回线解环，各自采用独立的接地点，即 D 换流站和 A 换

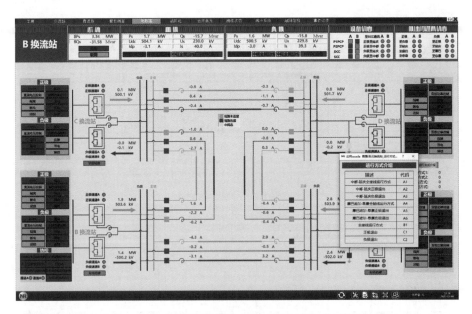

图 6-21　张北柔直工程四端环网运行方式介绍图

流站分别接地。此外，当每个"端对端"现场运行时，需保证直流断路器全部运行或者全部退出。

2）四端运行方式。

a. 全接线运行方式共 1 种，为 B1；

b. 在四端全接线基础上，考虑检修或故障造成正极退出的运行接线方式共 1 种，为 C1；

c. 在四端全接线基础上，考虑检修或故障造成负极退出的运行接线方式共 1 种，为 C2。

6.3.2　保护引起全接线方式转换双通道方式试验（B1 至 A1＋A4）

保护引起全接线方式转换双通道方式试验内容如下：

（1）试验目的。该试验是检验单个元件退出后协调控制中优化运行方式逻辑是否正确。

（2）试验条件。

1）交流系统条件。

a. 交流系统已经准备好输送 200MW 功率；

b. 控制两侧交流母线电压在规定的运行范围内。

2）直流系统条件。正极和负极系统调试已完成。

（3）试验步骤。

1）等待直流电网处于四端 HVDC 稳态运行，四端柔性直流电网运行状态如图 6‑22 所示。

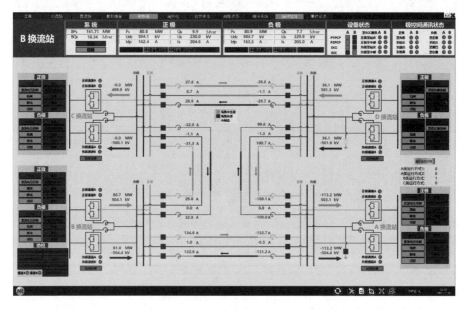

图 6‑22　B1 优化至 A1＋A4 试验前张北柔直工程四端环网运行图

2）B 换流站模拟金属回线纵差保护动作，退出 BC 金属回线，预期运行方式由 B1 转为 A1＋A4。

3）核实直流电网转为 A1＋A4，此时四端柔性直流电网运行状态如图 6‑23 所示。

（4）试验结果分析。B 换流站保护引起全接线方式转换双通道方式试验报文见表 6‑3。

表 6‑3　　　　　B 换流站保护引起全接线方式转换双通道方式试验报文

时间	主机名	事件等级	报警组	事件状态
16：32：43.118	S2P1L2F1	紧急	三取二逻辑	跳金属回线 MBS 开关命令，已触发
16：32：43.118	S2P1DLP1	紧急	金属回线	金属回线纵差保护，动作
16：32：43.172	S2DCC1	正常	顺序控制	金属中线 1（BC 直流金属线）连接，退出
16：32：43.184	S2SCC1	报警	顺序控制	运行方式优化孤岛站对称运行命令，出现
16：32：44.182	S2SCC1	报警	顺序控制	自动运行方式优化执行中，出现
16：32：44.182	S2SCC1	报警	顺序控制	运行方式优化建议隔离 DA 线 A 换流站正极线路，出现

续表

时间	主机名	事件等级	报警组	事件状态
16:32:44.182	S2SCC1	报警	顺序控制	运行方式优化建议隔离 DA 线 A 换流站金属回线，出现
16:32:44.182	S2SCC1	报警	顺序控制	运行方式优化建议隔离 DA 线 A 换流站负极线路，出现
16:32:44.182	S2SCC1	报警	顺序控制	运行方式优化建议隔离 BC 线 B 换流站正极线路，出现
16:32:44.182	S2SCC1	报警	顺序控制	运行方式优化建议隔离 BC 线 B 换流站负极线路，出现
16:32:44.182	S2SCC1	报警	顺序控制	运行方式优化建议隔离 BC 线 C 换流站正极线路，出现
16:32:44.182	S2SCC1	报警	顺序控制	运行方式优化建议隔离 BC 线 C 换流站负极线路，出现
16:32:44.182	S2SCC1	报警	顺序控制	运行方式优化建议隔离 DA 线 D 换流站正极线路，出现
16:32:44.182	S2SCC1	报警	顺序控制	运行方式优化建议隔离 DA 线 D 换流站金属回线，出现
16:32:44.182	S2SCC1	报警	顺序控制	运行方式优化建议隔离 DA 线 D 换流站负极线路，出现
16:32:44.183	S2SCC1	报警	顺序控制	目标优化运行方式 A1&A4，出现
16:32:44.192	S2SCC1	报警	顺序控制	发出自动运行方式优化命令，出现
16:32:44.193	S2SCC1	报警	站间通信	A 换流站站地连接命令，出现
16:32:44.193	S2SCC1	报警	站间通信	D 换流站站地连接命令，出现
16:32:44.252	S2DCC1	正常	顺序控制	正极线 1（BC 直流正极线）隔离指令，出现
16:32:44.387	S2SCC1	报警	顺序控制	运行方式 A1&A4，出现
16:32:56.265	S2DCC1	正常	顺序控制	正极线 1（BC 直流正极线）隔离，投入

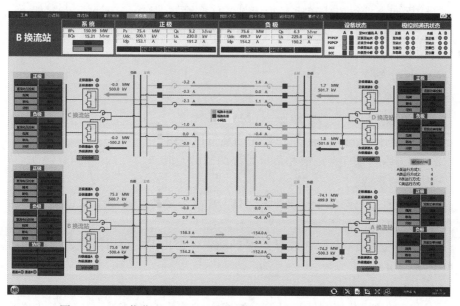

图 6-23　B1 优化至 A1＋A4 试验后张北柔直工程四端环网运行图

B 换流站保护引起全接线方式转换双通道方式试验线路保护三取二 L2F 装置波形如图 6-24 所示。B 换流站保护置 BC 金属回线差动保护 MRLDP_TR 动作，此时 MBS_TR_PR 信号出现，即 BC 金属回线两端 MBS 跳开，波形显示 DB_OPEN_IND 信号出现，即 B 换流站优化 BC 直流线路直流断路器断开，运行方式优化为 B 换流站—A 换流站、C 换流站—D 换流站端对端运行，D 换流站接地开关热备，执行站地连接，两端对端系统各自使用接地点运行。

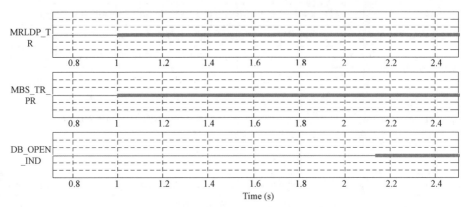

图 6-24　B 换流站保护引起全接线方式转换双通道方式试验线路保护三取二 L2F 装置波形图

6.3.3　保护引起全接线方式转换 C 换流站—D 换流站端对端方式试验（B1 至 A4）

保护引起全接线方式转换 C 换流站—D 换流站端对端方式试验内容如下：

（1）试验目的。该试验是检验单个元件退出后协调控制中优化运行方式逻辑是否正确。

（2）试验条件。

1）交流系统条件。

a. 交流系统已经准备好输送 200MW 功率；

b. 控制两侧交流母线电压在规定的运行范围内。

2）直流系统条件。正极和负极系统调试已完成。

（3）试验步骤。

1）等待直流电网处于孤岛四端 HVDC 稳态运行，四端柔性直流电网运行状态如图 6-25 所示。

2）B 换流站 BA 金属回线纵差保护动作，退出 BA 金属回线，预期运行方式由 B1 转 A4。

3）核实直流电网转为 A4，如图 6-26 所示。

（4）试验结果分析。保护引起全接线方式转换 C 换流站—D 换流站端对端

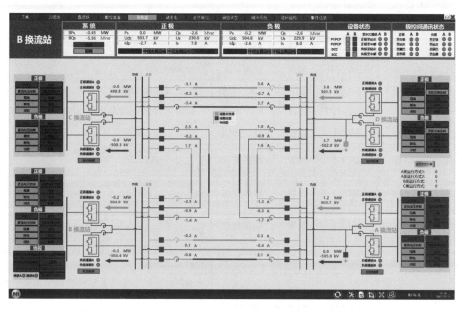

图 6-25　B1 优化至 A4 试验前张北柔直工程四端环网运行图

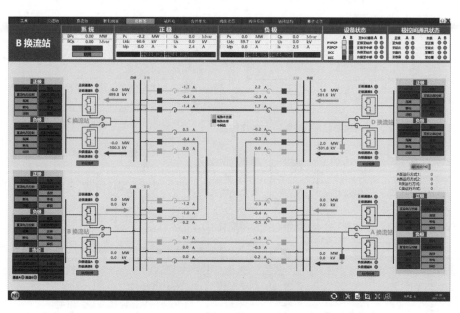

图 6-26　B1 优化至 A4 试验后张北柔直工程四端环网运行图

方式试验报文见表6-4。

表6-4　保护引起全接线方式转换C换流站—D换流站端对端方式试验报文

时间	主机名	事件等级	报警组	事件状态
21:28:02.070	S2P1DLP2	紧急	金属回线	金属回线纵差保护，动作
21:28:02.071	S2P1L2F2	紧急	三取二逻辑	跳金属回线 MBS 开关命令，已触发
21:28:02.140	S2SCC1	报警	顺序控制	运行方式优化孤岛站对称运行命令，出现
21:28:03.135	S2SCC1	报警	顺序控制	自动运行方式优化执行中，出现
21:28:03.135	S2SCC1	报警	顺序控制	运行方式优化建议隔离 BA 线 A 换流站正极线路，出现
21:28:03.135	S2SCC1	报警	顺序控制	运行方式优化建议隔离 BA 线 A 换流站负极线路，出现
21:28:03.135	S2SCC1	报警	顺序控制	运行方式优化建议隔离 DA 线 A 换流站正极线路，出现
21:28:03.135	S2SCC1	报警	顺序控制	运行方式优化建议隔离 DA 线 A 换流站负极线路，出现
21:28:03.135	S2SCC1	报警	顺序控制	运行方式优化建议退出 A 换流站正极换流器，出现
21:28:03.135	S2SCC1	报警	顺序控制	运行方式优化建议隔离 BC 线 B 换流站正极线路，出现
21:28:03.135	S2SCC1	报警	顺序控制	运行方式优化建议隔离 BC 线 B 换流站负极线路，出现
21:28:03.135	S2SCC1	报警	顺序控制	运行方式优化建议隔离 BA 线 B 换流站正极线路，出现
21:28:03.135	S2SCC1	报警	顺序控制	运行方式优化建议隔离 BA 线 B 换流站负极线路，出现
21:28:03.135	S2SCC1	报警	顺序控制	运行方式优化建议退出 B 换流站正极换流器，出现
21:28:03.135	S2SCC1	报警	顺序控制	运行方式优化建议退出 B 换流站负极换流器，出现
21:28:03.135	S2SCC1	报警	顺序控制	运行方式优化建议隔离 BC 线 C 换流站正极线路，出现
21:28:03.135	S2SCC1	报警	顺序控制	运行方式优化建议隔离 BC 线 C 换流站负极线路，出现
21:28:03.135	S2SCC1	报警	顺序控制	运行方式优化建议隔离 DA 线 D 换流站正极线路，出现
21:28:03.135	S2SCC1	报警	顺序控制	运行方式优化建议隔离 DA 线 D 换流站负极线路，出现
21:28:03.136	S2SCC1	报警	顺序控制	目标优化运行方式 A4，出现
21:28:03.146	S2SCC1	报警	站间通信	A 换流站站地连接命令，出现
21:28:03.146	S2SCC1	报警	站间通信	D 换流站站地连接命令，出现

　　B 换流站保护引起全接线方式转换 C 换流站—D 换流站端对端方式试验波形如图 6 - 27 和图 6 - 28 所示。

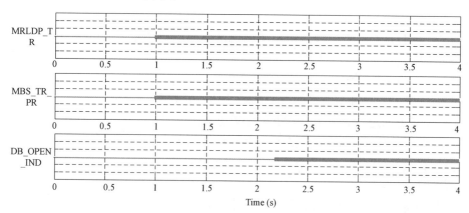

图 6 - 27　B 换流站保护引起全接线方式转换 C 换流站—D 换流站端对
端方式试验线路保护三取二 L2F 装置波形图

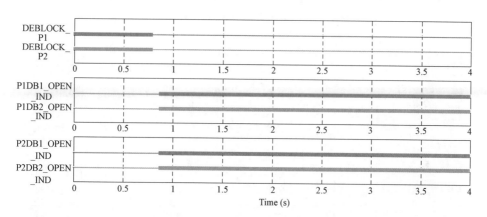

图 6 - 28　B 换流站保护引起全接线方式转换 C 换流站—D 换流站端对
端方式试验 DCC 装置波形图

　　四端环网全接线运行方式 B1 下，线路保护三取二 L2F 装置波形如图 6 - 27 所示，B 换流站保护置 BA 金属回线差动保护 MRLDP_TR 动作，此时 MBS_TR_PR 信号出现，即 BC 金属回线两端 MBS 跳开；图 6 - 28DCC 装置波形中，正负极解锁信号 DEBLK_P1、DEBLK_P2 消失，即 B 换流站优化正负极换流器闭锁，BC 线路及 BA 线路中 DB_OPEN_IND 信号出现，即 BC、BA 线路均断开，因此运行方式优化 C 换流站—D 换流站端对端运行，因此波形显示 DB_OPEN_IND 动作。如图 6 - 26 所示，C 换流站—D 换流站端对端系统继续使用 A 换流站接地点运行。

6.3.4　保护引起全接线方式转换单极运行方式试验（B1至C2）

保护引起全接线方式转换单极运行方式试验内容如下：

（1）试验目的。该试验是检验单个元件退出后协调控制中优化运行方式逻辑是否正确。

（2）试验条件。

1）交流系统条件。

a. 交流系统已经准备好输送200MW功率；

b. 控制两侧交流母线电压在规定的运行范围内。

2）直流系统条件。正极和负极系统调试已完成。

（3）试验步骤。

1）等待直流电网处于四端HVDC稳态运行，四端柔性直流电网运行状态如图6-29所示。

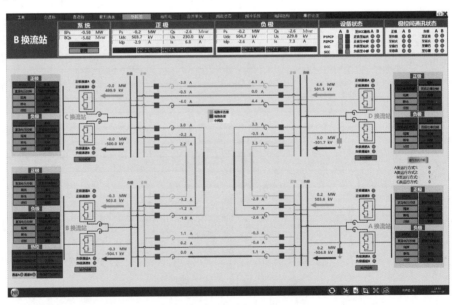

图6-29　B1优化至C2试验前张北柔直工程四端环网运行图

2）退出负极BA直流线路。B换流站首先置负极BC直流线路瞬时故障，模拟BC负极线路行波保护瞬时动作之后，B换流站置BA负极直流线路永久故障，模拟BA负极线路行波保护永久动作，运行方式由B1转C2。

3）核实直流电网转为C2，如图6-30所示。

（4）试验结果分析。保护引起全接线方式转换单极运行方式试验动作报文见表6-5。

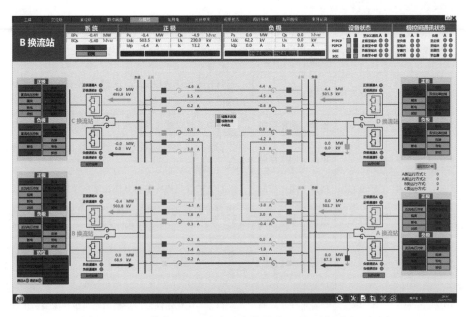

图 6-30 B1 优化至 C2 试验后张北柔直工程四端环网运行图

表 6-5 保护引起全接线方式转换单极运行方式试验动作报文

时间	主机名	事件等级	报警组	事件状态
20:00:04.446	S2P2DLP1	紧急	直流线路	直流线路行波保护, 动作
20:00:04.447	S2P2L2F1	紧急	三取二逻辑	分直流断路器启动失灵、启动重合命令, 已触发
20:00:04.460	S2DCC1	正常	顺序控制	负极线1 (BC直流负极线) 连接, 退出
20:00:04.547	S2P2DLP1	正常	直流线路	直流线路行波保护, 复归
20:00:04.749	S2P2L2F1	紧急	直流线路	线路重合闸, 动作
20:00:04.796	S2DCC1	正常	顺序控制	负极线1 (BC直流负极线) 连接, 投入
20:00:04.807	S2SCC1	报警	顺序控制	运行方式B1, 出现
20:07:13.294	S2P2DLP2	紧急	直流线路	直流线路行波保护, 动作
20:07:13.310	S2DCC1	正常	系统监视	收负极线2DCB (0522D) 分位信号, 出现
20:07:13.312	S2DCC1	正常	顺序控制	负极线2 (BA直流负极线) 连接, 退出
20:07:13.595	S2P2L2F2	紧急	直流线路	线路重合闸, 动作
20:07:13.598	S2P2DLP2	紧急	直流线路	直流线路行波保护, 动作
20:07:13.598	S2P2L2F2	紧急	三取二逻辑	直流断路器自分断命令, 已触发
20:07:13.601	S2P2L2F2	紧急	直流线路	闭锁线路重合闸, 动作
20:07:14.606	S2SCC1	报警	顺序控制	自动运行方式优化执行中, 出现

157

续表

时间	主机名	事件等级	报警组	事件状态
20:07:14.606	S2SCC1	报警	顺序控制	运行方式优化建议隔离 DA 线 A 换流站负极线路，出现
20:07:14.606	S2SCC1	报警	顺序控制	运行方式优化建议退出 A 换流站负极换流器，出现
20:07:14.606	S2SCC1	报警	顺序控制	运行方式优化建议隔离 BC 线 B 换流站负极线路，出现
20:07:14.606	S2SCC1	报警	顺序控制	运行方式优化建议退出 B 换流站负极换流器，出现
20:07:14.606	S2SCC1	报警	顺序控制	运行方式优化建议隔离 BC 线 C 换流站负极线路，出现
20:07:14.606	S2SCC1	报警	顺序控制	运行方式优化建议隔离 DC 线 C 换流站负极线路，出现
20:07:14.606	S2SCC1	报警	顺序控制	运行方式优化建议退出 C 换流站负极换流器，出现
20:07:14.606	S2SCC1	报警	顺序控制	运行方式优化建议隔离 DC 线 D 换流站负极线路，出现
20:07:14.606	S2SCC1	报警	顺序控制	运行方式优化建议退出 D 换流站负极换流器，出现
20:07:14.607	S2SCC1	报警	顺序控制	目标优化运行方式 C2，出现

　　B 换流站保护引起全接线方式转换单极运行方式试验波形如图 6-31～图 6-33 所示。

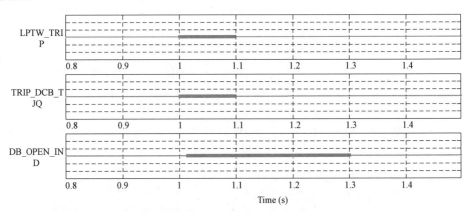

图 6-31　B 换流站保护引起全接线方式转换单极运行方式试验
线路保护三取二 L2F 装置波形图 1

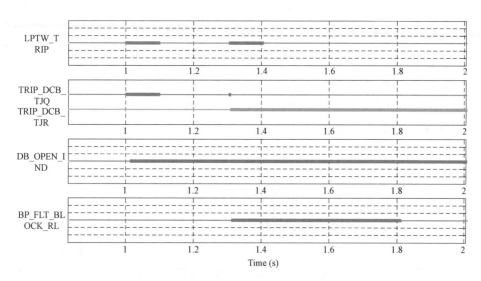

图 6-32　B 换流站保护引起全接线方式转换单极运行方式试验
线路保护三取二 L2F 装置波形图 2

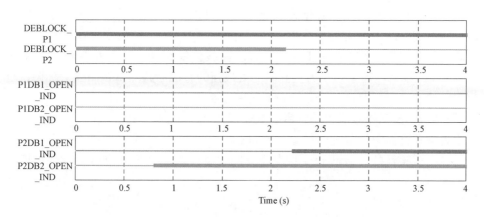

图 6-33　B 换流站保护引起全接线方式转换单极运行方式试验
DCC 装置波形图

四端环网全接线运行方式 B1 下，如图 6-31 线路保护三取二 L2F 装置波形所示，B 换流站 BC 负极直流线路行波保护 LPTW_TRIP 动作并瞬时复归，跳直流断路器启动重合闸启动失灵信号 TRIP_DCB_TJQ 触发，DB_OPEN_IND 信号出现后随即消失，即 BC 负极直流线路直流断路器成功跳开，并重合闸成功。之后如图 6-32 线路保护三取二 L2F 装置波形所示，B 换流站置 BA 负极直流线路永久故障，模拟 BA 负极线路行波保护 LPTW_TRIP 动作，因保护动作信号长期存在，跳直流断路器启动重合闸启动失灵信号 TRIP_DCB_TJQ 触发后消失，跳直流断路器不启动重合闸启动失灵信号 TRIP_DCB_TJR 触发，保护闭锁线路重合闸信号 BP_FLT_BLOCK_RL 出现，DB_OPEN_IND 信号出现后未消失，即 BC 负极直流线路直流断路器成功跳开，未进行重合闸。DCC 装置波形如图 6-33 所示，B 换流站负极解锁信号 DEBLK_P2 消失，正极 BC 线路及 BA 线路中 P1DB1_OPEN_IND、P1DB2_OPEN_IND 信号未动作，即正极 BC、BC 线路均运行，负极 BA 线路中 P2DB2_OPEN_IND 信号由于置线路行波保护先出现，后负极 BC 线路中 P2DB1_OPEN_IND 信号与负极解锁信号同时出现变位，B 换流站负极退出，根据图 6-30 可以看出，四端环网运行方式转为 C2 方式运行。

6.4 直流断路器专项试验

张北柔直工程中主要有三种技术路线的直流断路器，分别是混合式直流断路器、机械式直流断路器、负压耦合式直流断路器，混合式断路器采用电力电子开关强制开断转移电流，机械式断路器采用"人工过零"的方式开断转移电流，可以将直流电流开关转化为成熟的交流开断环境，负压耦合式直流断路器通过转移支路产生反向电压叠加在主支路上，帮助主断口熄弧实现直流电流的开断。张北柔直工程采用了上述三种技术路线的断路器，均可在 3ms 内开断最大 25kA 的故障电流，是世界上开断能力最强的直流断路器。在四端系统调试过程中，检验直流断路器的分断能力是很有必要的。

6.4.1 直流断路器手动分合闸试验

直流断路器手动分合闸试验内容如下：

（1）试验目的。该试验检验直流电网中直流断路器控制慢分、合闸功能是否正确。

（2）试验条件。

1）交流系统条件。

a. 交流系统已经准备好输送 200MW 功率；

b. 控制两侧交流母线电压在规定的运行范围内。

2）直流系统条件。

正极和负极系统调试已完成。

（3）试验步骤。

1）等待直流电网处于四端 HVDC 稳态运行，四端柔性直流电网运行状态、B 换流站直流场运行状态如图 6-34、图 6-35 所示。

2）手动拉开 BC 正极线路 B 换流站直流断路器，如图 6-36、图 6-37 所示。

3）手动合 BC 正极线路 B 换流站直流断路器。

第6章

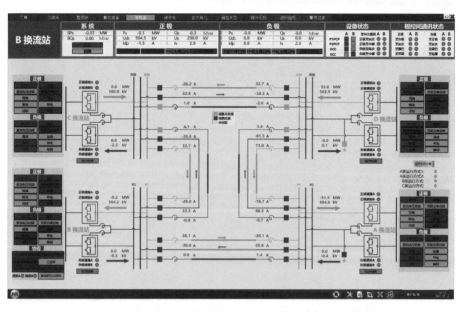

图6-34 B换流站直流断路器手动分断电流试验前四端环网图

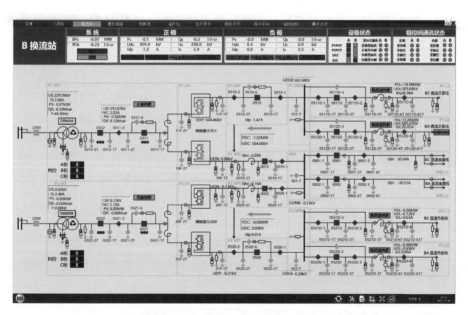

图6-35 B换流站直流断路器手动分断电流试验前直流场图

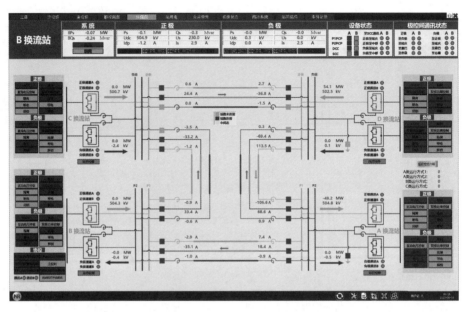

图 6-36　B换流站直流断路器手动分断电流试验后四端环网图

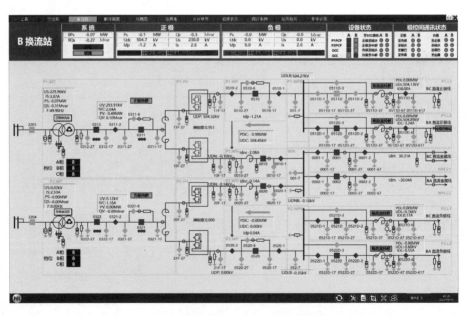

图 6-37　B换流站直流断路器手动分断电流试验后直流场图

（4）试验结果分析。B 换流站手动分直流断路器报文见表 6 - 6。

表 6 - 6　　　　　　　　　　B 换流站手动分直流断路器报文

时间	主机名	事件等级	报警组	事件状态
03:24:42.478	S2DCC1	正常	顺序控制	zb - s2o5/None 发出正极直流线路 1 隔离指令，出现
03:24:42.478	S2DCC1	正常	顺序控制	正极直流线路 1 隔离指令，出现
03:24:42.502	S2DCC1	正常	顺序控制	正极直流线路 1 连接，退出
03:24:42.502	S2DCC1	正常	正极线路	P1.L1.Q1（0511D），分
03:24:54.470	S2DCC1	正常	直流场隔离开关	P1.L1.Q12（0511D - 2），断开
03:24:54.474	S2P1BC21	正常	IO 监视	断路器线路侧隔离开关分位开入，出现
03:24:54.479	S2DCC1	正常	顺序控制	正极直流线路 1 隔离，投入
03:24:54.936	S2P1BC21	正常	IO 监视	断路器母线侧隔离开关合位开入，恢复
03:24:54.939	S2DCC1	正常	直流场隔离开关	0511D - 1，断开
03:24:54.945	S2P1BC21	正常	IO 监视	断路器母线侧隔离开关分位开入，出现
03:24:54.945	S2P1BC21	正常	IO 监视	断路器两侧隔离开关分位状态，出现
03:24:54.947	S2P1BC11	正常	BCU 装置事件	断路器两侧隔离开关，分开

B 换流站直流断路器手动分断电流试验直流断路器控制装置 BCU 波形如图 6 - 38 所示。

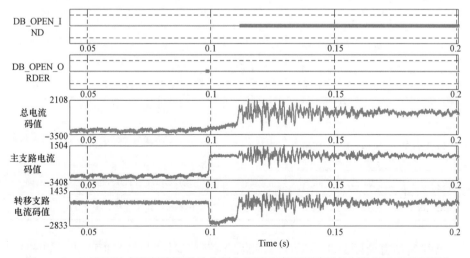

图 6 - 38　B 换流站直流断路器手动分断电流试验直流断路器控制装置 BCU 波形图

通过图6-38直流断路器控制装置BCU波形分析可以看出，B换流站BC直流正极线路断路器接收到直流控制保护系统的慢分命令DB_OPEN_ORDER后，电流开始向转移支路转移，电流转移完成后，快速机械开关打开，主支路电流降为零，换流成功后，闭锁转移支路，MOV投入，此时转移支路电流开始进行衰降，电流衰降至0后，直流断路器分断成功，直流断路器分位信号DB_OPEN_IND变为1。

B换流站手动合直流断路器报文见表6-7。

表6-7 B换流站手动合直流断路器报文

时间	主机名	事件等级	报警组	事件状态
03:30:57.857	S2DCC1	正常	顺序控制	正极直流线路1连接指令，出现
03:30:57.857	S2DCC1	正常	顺序控制	zb-s2o5/None发出正极直流线路1连接指令，出现
03:31:09.949	S2P1BC21	正常	IO监视	断路器两侧隔离开关分位状态，消失
03:31:09.949	S2P1BC21	正常	IO监视	断路器母线侧隔离开关分位开入，恢复
03:31:09.951	S2P1BC11	正常	BCU装置事件	断路器两侧隔离开关，闭合
03:31:09.951	S2DCC1	正常	直流场隔离开关	0511D-1，合上
03:31:09.959	S2P1BC21	正常	IO监视	断路器母线侧隔离开关合位开入，出现
03:31:10.399	S2P1BC21	正常	IO监视	断路器线路侧隔离开关分位开入，恢复
03:31:10.401	S2DCC1	正常	直流场隔离开关	P1.L1.Q12（0511D-2），合上
03:31:10.406	S2P1BC21	正常	IO监视	断路器线路侧隔离开关合位开入，出现
03:31:10.409	S2DCC1	正常	顺序控制	正极直流线路1隔离，退出
03:31:10.733	S2DCC1	正常	系统监视	直流站控发出合正极线1直流断路器指令，出现
03:31:10.769	S2DCC1	正常	正极线路	P1.L1.Q1（0511D），合上
03:31:10.769	S2DCC1	正常	顺序控制	正极直流线路1连接，投入

B换流站直流断路器手动合闸试验直流断路器控制装置BCU波形如图6-39所示。

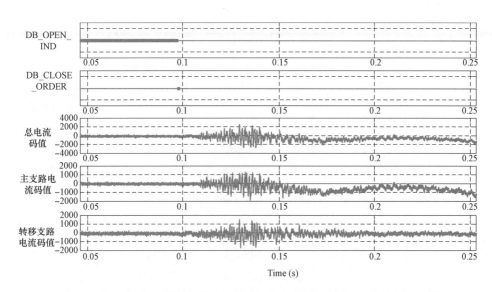

图 6 - 39　B 换流站直流断路器手动合闸试验直流断路器控制装置 BCU 波形图

通过图 6 - 39 可以看出，B 换流站 BC 直流正极线断路器接收到直流控制保护系统的合闸命令 DB_CLOSE_ORDER 后，转移支路开通，转移支路电流增大，接下来主支路通流阀组开通，机械开关合闸，主支路电流开始增大，最后完成合闸，直流断路器分位信号 DB_OPEN_IND 消失。

6.4.2　模拟直流线路故障试验

模拟直流线路故障试验内容如下：

（1）试验目的。该试验检验直流线路发生接地故障，直流断路器能否正确动作。

（2）试验条件。

1）交流系统条件。

a. 交流系统已经准备好输送 200MW 功率；

b. 控制两侧交流母线电压在规定的运行范围内。

2）直流系统条件。

正极和负极系统调试已完成。

（3）试验步骤。

1）核实四站正常运行；

2）在 BC 正极直流线路上模拟直流线路故障；

3）核实两侧直流断路器在规定时间内分断并重合。

（4）试验结果分析。B 换流站模拟直流线路故障试验报文见表 6 - 8。

表 6 - 8   **B 换流站模拟直流线路故障试验报文**

时间	主机名	事件等级	报警组	事件状态
12:01:45.455	S2P2DLP1C	紧急	直流线路	直流线路行波保护,动作
12:01:45.455	S2P2DLP1C	紧急	直流线路	直流线路电压突变量保护,动作
12:01:45.455	S2P2L2F1A	紧急	三取二逻辑	分直流断路器启动失灵、启动重合命令,已触发
12:01:45.456	S2P2DLP1A	紧急	直流线路	直流线路行波保护,动作
12:01:45.456	S2P2DLP1A	紧急	直流线路	直流线路电压突变量保护,动作
12:01:45.456	S2P2BC11A	正常	BCU 装置事件	主支路快速机械开关的快分指令,出现
12:01:45.457	S2P2BC11A	正常	BCU 装置事件	主支路 IGBT 阀组的控制指令为分闸
12:01:45.470	S2DCC1A	正常	负极线路	P2.L1.Q1(0521D),分开
12:01:45.756	S2P2L2F1A	紧急	直流线路	线路重合闸,动作
12:01:45.757	S2P2BC11A	正常	BCU 装置事件	柔性直流线路保护 A 系统 - 重合闸命令,出现
12:01:45.767	S2P2BC11A	正常	BCU 装置事件	重合闸时序——转移支路子单元全部导通,出现
12:01:45.776	S2P2BC11A	正常	BCU 装置事件	重合闸时序——快速机械开关合位,出现
12:01:45.801	S2P2BC11A	正常	BCU 装置事件	主支路 IGBT 阀组的控制指令为合闸
12:01:45.802	S2P2BC11A	正常	BCU 装置事件	直流断路器处于合位状态,出现
12:01:45.803	S2P2BC11A	正常	BCU 装置事件	重合闸时序——合闸完成,出现
12:01:45.806	S2DCC1A	正常	负极线路	P2.L1.Q1(0521D),合上

　　B 换流站模拟直流线路故障试验波形如图 6-40、图 6-41 所示。

　　如图 6-40 线路保护三取二 L2F 装置波形所示,B 换流站 BC 直流正极线模拟线路接地短路后,直流线路行波保护跳闸 LPTW_TRIP 和电压突变量跳闸 DUDT_TRIP 均动作,跳直流断路器启动重合闸、启动失灵信号 TRIP_DCB_TJQ 触发后消失,DB_OPEN_IND 信号出现后未消失,即 BC 负极直流线路直流断路器成功跳开,并进行重合闸成功。通过图 6-41 直流断路器控制装置 BCU 波形分析可以看出,断路器接收到直流控制保护系统的快分命令后,与手动分闸相同,在合闸状态下,主支路通流,收到跳闸命令,通流阀组闭锁,电流开始向转移支路转移,电流转移完成后,快速机械开关打开,主支路电流降为零,换流成功后,闭锁转移支路,MOV 投入,此时转移支路电流开始进行衰降,电流衰降至 0 后,直流断路器分断成功。

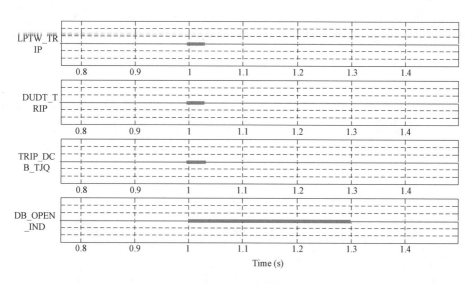

图 6-40　B换流站模拟直流线路故障试验线路保护三取二 L2F 装置波形图

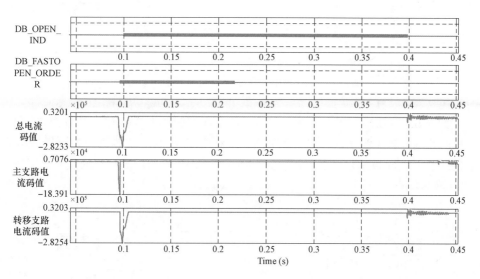

图 6-41　B换流站模拟直流线路故障试验直流断路器控制装置 BCU 波形图

6.5　四端 MBS 动作策略验证试验

张北柔直工程中，设置 MBS 开关动作逻辑的目的在于，MBS 在故障发生后可转移故障电流，而不能直接拉断故障电流，其判断原则是，所要断开的 MBS，自不经过故障的方向与站内接地点连接时，即可断开。当中性母线差动保护、站接地过电流保护、金属回线纵差保护出口动作跳 MBS 时，均会判断 MBS 是否为站地连接状态。其中又可以分为以下两类故障：

（1）母线区域故障，如中性母线差动保护、站接地过电流保护动作。

（2）线路区域故障，如金属回线纵差保护。

以 B 换流站为例，如图 6-42 所示。当发生中性母线接地故障时，以 B 换流站 BA 金属回线的 MBS2 开关来说，自 BA 金属回线最终与 A 换流站站地连接为不经故障点的接地连接，自 BC 金属回线最终与 A 换流站站地连接为经故障点的接地连接。

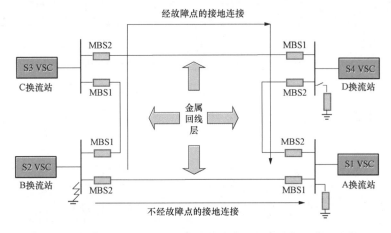

图 6-42　B 换流站模拟中性母线接地故障试验时 MBS2 接地连接图

如图 6-43 所示，当 B 换流站发生 BC 金属回线接地故障时，以 B 换流站 BC 金属回线的 MBS1 为例，自 BA 金属回线最终与 A 换流站站地连接为不经故障点的接地连接，自 BC 金属回线最终与 A 换流站站地连接为经故障点的接地连接。

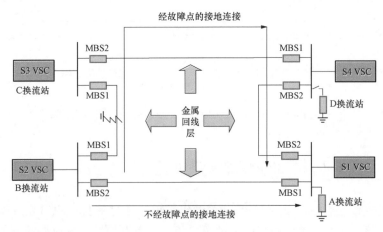

图 6-43　B 换流站模拟 BC 金属回线接地故障试验时 MBS1 接地连接图

6.5.1　金属回线合环下 MBS 动作策略不带电试验

金属回线合环下 MBS 动作策略不带电试验内容如下：

（1）试验目的。该试验检验 MBS 动作策略是否正确。

（2）试验条件。

1）交流系统条件。

a. 交流场设备带电试验完毕，试验合格；

b. 控制两侧交流母线电压在规定的运行范围内。

2）直流系统条件。正极和负极系统调试已完成。

（3）试验步骤。

1）将直流电网各换流器与正负极线全部退出运行；

2）将直流电网各 MBS 均投入合闸状态；

3）模拟 B 换流站中性线差动保护动作；

4）核实保护动作结果是否正确；

5）将直流电网各 MBS 均投入合闸状态；

6）模拟 B 换流站 BC 金属回线纵差保护动作；

7）核实保护动作结果是否正确。

（4）试验结果分析。

1）模拟 B 换流站中性线差动保护（金属回线合环）。试验后四端金属回线 MBS 状态如图 6-44 所示，其中红色为连接状态，绿色为分开状态。

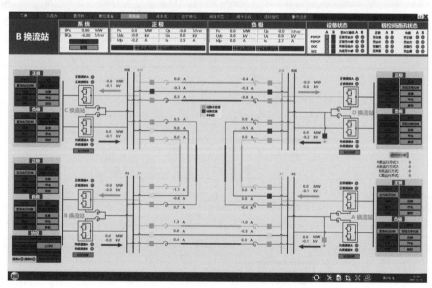

图 6-44　试验后四端环网状态图

B 换流站中性线差动保护动作报文见表 6-9。

表 6-9　　　　　　　　　B 换流站中性线差动保护动作报文

时间	主机名	事件等级	报警组	事件状态
11:18:17.496	S2P1DBP1A	紧急	双极	中性母线差动保护，动作
11:18:17.497	S2P1B2F1A	紧急	三取二逻辑	跳换流变压器进线断路器和启动失灵命令，已触发
11:18:17.497	S2P1B2F1A	紧急	三取二逻辑	跳换流变压器阀侧断路器命令，已触发
11:18:17.497	S2P1B2F1A	紧急	三取二逻辑	跳金属回线 1MBS 开关命令，已触发
11:18:17.497	S2P1B2F1A	紧急	三取二逻辑	跳金属回线 2MBS 开关命令，已触发
11:18:17.497	S2P1B2F1A	紧急	三取二逻辑	分直流断路器启动失灵、启动重合命令，已触发
11:18:17.497	S2DCC1	紧急	换流器	保护出口闭锁正极换流阀，出现
11:18:17.497	S2DCC1	紧急	母线保护	保护出口正极换流阀极隔离命令，出现
11:18:17.498	S2P1PCP1	紧急	换流器	保护极隔离命令，出现
11:18:17.498	S2P1PCP1	紧急	换流器	保护出口闭锁换流阀，出现
11:18:17.498	S2P1PCP1	紧急	顺序控制	保护跳闸发出隔离指令，出现
11:18:17.517	S2DCC1	紧急	直流保护	DCC 发出启动失灵跳正极换流阀交流进线指令，出现
11:18:17.517	S2DCC1	紧急	直流保护	DCC 发出启失灵跳正极换流器阀侧交流断路器命令，出现
11:18:17.517	S2DCC1	紧急	直流保护	DCC 发出跳 MBS1 (0001) 指令，出现
11:18:17.517	S2DCC1	紧急	直流保护	DCC 发出跳 MBS2 (0002) 指令，出现
11:18:17.533	S2DCC1	正常	直流场断路器	WN.L1.Q1 (0001)，断开
11:18:17.534	S2DCC1	正常	直流场断路器	WN.L2.Q1 (0002)，断开

B 换流站中性线差动保护动作波形如图 6-45 和图 6-46 所示。

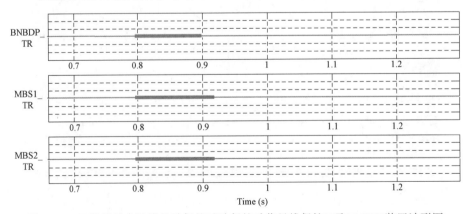

图 6-45　B 换流站中性线差动保护试验保护动作母线保护三取二 B2F 装置波形图

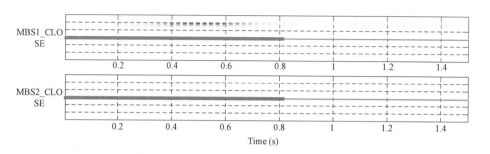

图 6 - 46　B 换流站中性线差动保护试验母线保护 DBP 装置波形图

根据图 6 - 45 母线保护三取二 B2F 装置波形可以看出，B 换流站置双极中性母线差动保护动作信号 BNBDP_TR 出现后，两 MBS 动作信号 MBS1_TR、MBS2_TR 均出现，根据图 6 - 46 母线保护 DBP 装置波形，两 MBS 合位信号 MBS1_CLOSE、MBS2_CLOSE 消失，即金属回线合环的情况下，BA 金属回线和 BC 金属回线的 MBS 成功拉开，试验成功。

2）模拟 B 换流站 BC 线金属回线纵差保护（金属回线合环）。试验前金属回线四端 MBS 状态如图 6 - 47 所示。

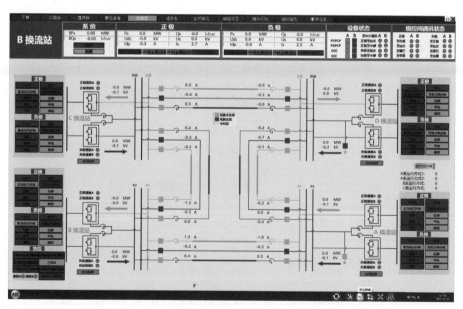

图 6 - 47　试验前四端环网金属回线状态图

试验后金属回线四端 MBS 开关状态如图 6 - 48 所示。
BC 金属回线纵差保护动作报文见表 6 - 10。

171

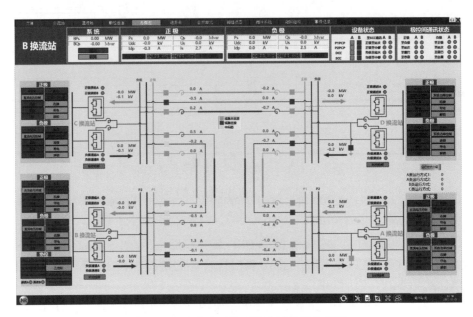

图 6 - 48　试验后四端环网金属回线状态图

表 6 - 10　　　　　　　　　　　BC 金属回线纵差保护动作报文

时间	主机名	事件等级	报警组	事件状态
11:29:06.754	S2P1DLP1A	紧急	金属回线	金属回线纵差保护，动作
11:29:06.754	S2P1L2F1A	紧急	三取二逻辑	跳金属回线 MBS 开关命令，已触发
11:29:06.756	S2P1DLP1A	报警	装置监视	第1套直流线路保护动作，出现
11:29:06.790	S2DCC1	正常	直流场断路器	WN.L1.Q1（0001），断开
11:29:06.807	S2DCC1	正常	顺序控制	金属中线 1（BC 直流金属线）连接，退出
11:29:13.523	S2P1DLP1A	正常	金属回线	金属回线纵差保护，复归
11:29:13.524	S2P1L2F1A	正常	三取二逻辑	跳金属回线 MBS 命令，返回
11:29:13.526	S2P1DLP1A	正常	装置监视	第1套直流线路保护动作，消失
11:31:08.941	S2DCC1	正常	金属回线	zb - s2o4/None 发出 WN.L1.Q1（0001）指令，闭合
11:31:09.049	S2DCC1	正常	直流场断路器	WN.L1.Q1（0001），合上
11:31:09.073	S2DCC1	正常	顺序控制	金属中线 1（BC 直流金属线）连接，投入

B 换流站 BC 金属回线纵差保护动作波形如图 6 - 49 所示。

根据图 6 - 49 线路保护三取二 L2F 装置波形可以看出，B 换流站置 BC 金属

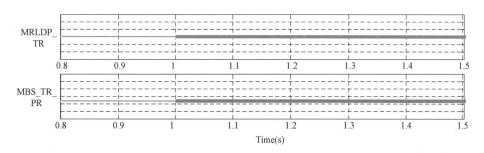

图 6 - 49　B 换流站 BC 金属回线纵差保护动作线路保护三取二 L2F 装置波形图

回线纵差保护 MRLDP_TR 动作后，金属回线保护动作 MBS_TR_PR 信号出现，根据图 6 - 47、图 6 - 48 看到，金属回线合环的情况下，B 换流站 BC 金属回线纵差保护动作后，BC 金属回线的 MBS 成功拉开，试验成功。

6.5.2　金属回线未合环下 MBS 动作策略不带电试验

金属回线未合环下 MBS 动作策略不带电试验内容如下：

（1）试验目的。该试验检验 MBS 动作策略是否正确。

（2）试验条件。

1）交流系统条件。

a. 交流场设备带电试验完毕，试验合格；

b. 控制两侧交流母线电压在规定的运行范围内。

2）直流系统条件。正极和负极系统调试已完成。

（3）试验步骤。

1）将直流电网各换流器与正负极线全部退出运行；

2）核实直流电网中，除 BA 金属回线 A 换流站 MBS 外的其他 MBS 均投入合位；

3）模拟 B 换流站 BC 金属回线纵差保护动作；

4）核实保护动作结果；

5）将直流电网中，除 BA 金属回线 A 换流站 MBS 外的其他 MBS 均投入合位；

6）模拟 B 换流站中性线差动保护动作；

7）核实保护动作结果。

（4）试验结果分析。

1）模拟 B 换流站 BC 线纵差保护。试验前金属回线四端 MBS 状态如图 6 - 50 所示。

试验后金属回线四端 MBS 状态如图 6 - 51 所示。

B 换流站 BC 金属回线纵差保护动作报文见表 6 - 11。

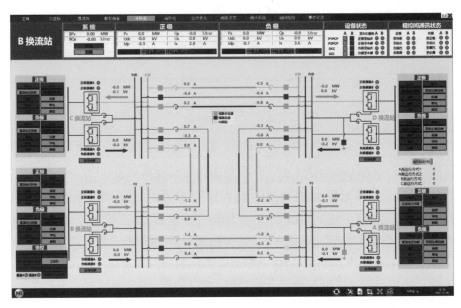

图 6-50　试验前四端环网金属回线状态图

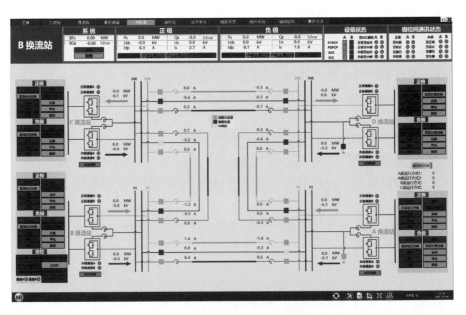

图 6-51　试验后四端环网金属回线状态图

表 6-11　　　　　　　　　B 换流站 BC 金属回线纵差保护动作报文

时间	主机名	事件等级	报警组	事件状态
11:38:46.090	S2P1DLP1A	紧急	金属回线	金属回线纵差保护，动作
11:38:46.090	S2P1B2F1A	紧急	三取二逻辑	跳换流变压器进线断路器和启动失灵命令，已触发
11:38:46.090	S2P1B2F1A	紧急	三取二逻辑	跳换流变压器阀侧断路器命令，已触发
11:38:46.090	S2P1B2F1A	紧急	三取二逻辑	跳金属回线 1MBS 开关命令，已触发
11:38:46.090	S2P1B2F1A	紧急	三取二逻辑	重合金属回线 1MBS 开关命令，已触发
11:38:46.090	S2P1B2F1A	紧急	三取二逻辑	重合金属回线 2MBS 开关命令，已触发
11:38:46.090	S2P1B2F1A	紧急	三取二逻辑	分直流断路器启动失灵、启动重合命令，已触发
11:38:46.090	S2P1B2F1A	紧急	三取二逻辑	中性母线保护跳 MBS2 未接地失灵，已触发
11:38:46.091	S2DCC1	紧急	换流器	保护出口闭锁正极换流阀，出现
11:38:46.091	S2DCC1	紧急	母线保护	保护出口正极换流阀极隔离命令，出现
11:38:46.091	S2DCC1	紧急	母线保护	保护重合 MBS1（0001）命令，出现
11:38:46.091	S2P1DBP1A	紧急	直流母线	直流线路保护跳 MBS1 失灵，出现
11:38:46.091	S2P1DBP1C	紧急	直流母线	直流线路保护跳 MBS1 失灵，出现
11:38:46.092	S2DCC1	紧急	母线保护	保护重合 MBS2（0002）命令，出现
11:38:46.092	S2DCC1	紧急	母线保护	保护跳 MBS1（0001）命令，出现

B 换流站 BC 金属回线纵差保护动作波形如图 6-52～图 6-54 所示。

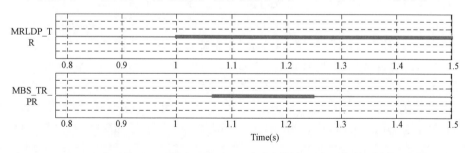

图 6-52　B 换流站 BC 金属回线纵差保护动作线路保护三取二 L2F 装置波形图

根据图 6-52 线路保护三取二 L2F 装置波形可以看出，B 换流站置 BC 金属回线纵差保护信号 MRLDP_TR 动作，MBS 跳闸信号 MBS_TR_PR 出现，

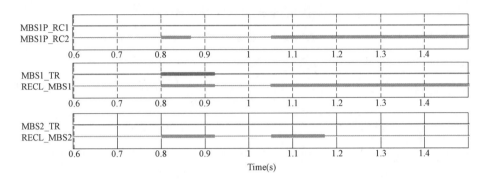

图 6-53 B 换流站 BC 金属回线纵差保护母线保护三取二 B2F 装置动作波形图

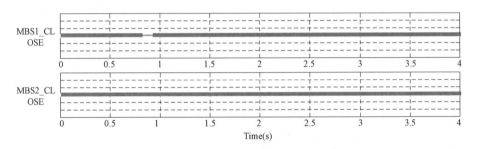

图 6-54 B 换流站 BC 金属回线纵差保护母线保护 DBP 装置 MBS 开关位置波形图

根据图 6-53母线保护三取二 B2F 装置波形，BC 金属回线 MBS 即金属回线 1 开关保护 Ⅰ 段重合 MBS1 开关 MBS1P_RC1 信号未出现，金属回线 1 开关保护 Ⅱ 段重合 MBS1 开关信号出现，同时金属回线开关 1 跳闸信号 MBS1_TR 出现，重合金属回线开关 1 信号 RECL_MBS1 同时出现，即保护动作后，尝试拉开 B 换流站 MBS1 开关，但此开关处于"未接地失灵"状态，禁止拉开 B 换流站。BC 金属回线开关 MBS1 无法拉开，按照控保逻辑将发出跳 B 换流站 BA 金属回线开关 MBS2 指令，BA 金属回线开关 MBS2 同样处于"未接地失灵"状态，重合金属回线开关 2 信号 RECL_MBS2 与 BC 线路 MBS 开关信号情况一致，即 BA 金属回线开关 MBS2 保持合位未动作，根据图 6-54 母线保护 DBP 装置波形可以看出，B 换流站 BC 金属回线和 BA 金属回线的 MBS 开关合位信号 MBS1_CLOSE、MBS2_CLOSE 均为 1，即两 MBS 均未拉开，试验成功。

2）模拟 B 换流站中性线差动保护。试验前金属回线四端 MBS 状态如图 6-55 所示。

试验后金属回线四端 MBS 状态如图 6-56 所示。

B 换流站中性母线差动保护动作报文见表 6-12。

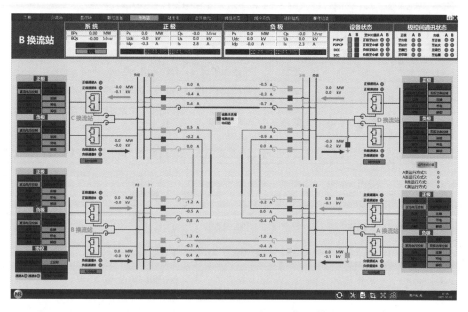

图 6-55　试验前四端环网金属回线状态图

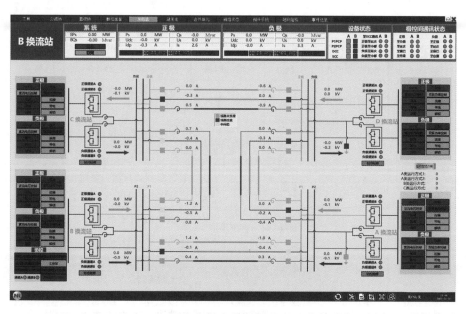

图 6-56　试验后四端环网金属回线状态图

表 6 - 12 　　　　　　　　　　 B 换流站中性母线差动保护动作报文

时间	主机名	事件等级	报警组	事件状态
11:44:53.068	S2DCC1	紧急	换流器	保护出口闭锁正极换流阀，出现
11:44:53.068	S2DCC1	紧急	母线保护	保护出口正极换流阀极隔离命令，出现
11:44:53.068	S2DCC1	紧急	母线保护	保护重合 MBS2 (0002) 命令，出现
11:44:53.068	S2DCC1	紧急	母线保护	保护跳 MBS1 (0001) 命令，出现
11:44:53.068	S2P1B2F1B	紧急	三取二逻辑	跳换流变压器进线断路器和启动失灵命令，已触发
11:44:53.068	S2P1B2F1B	紧急	三取二逻辑	跳换流变压器阀侧断路器命令，已触发
11:44:53.068	S2P1B2F1B	紧急	三取二逻辑	分直流断路器启动失灵、启动重合命令，已触发
11:44:53.068	S2P1B2F1B	紧急	三取二逻辑	中性母线保护跳 MBS2 未接地失灵，已触发
11:44:53.068	S2P1DBP1A	紧急	双极	中性母线差动保护，动作
11:44:53.069	S2P1PCP1	紧急	换流器	保护极隔离命令，出现
11:44:53.069	S2P1PCP1	紧急	换流器	保护出口闭锁换流阀，出现
11:44:53.069	S2P1PCP1	紧急	顺序控制	保护跳闸发出隔离指令，出现
11:44:53.069	S2P1B2F1A	紧急	三取二逻辑	跳换流变压器进线断路器和启动失灵命令，已触发
11:44:53.069	S2P1B2F1A	紧急	三取二逻辑	跳换流变压器阀侧断路器命令，已触发
11:44:53.069	S2P1B2F1A	紧急	三取二逻辑	跳金属回线 1MBS 命令，已触发
11:44:53.069	S2P1B2F1A	紧急	三取二逻辑	重合金属回线 2MBS 命令，已触发
11:44:53.069	S2P1B2F1A	紧急	三取二逻辑	分直流断路器启失灵启动重合命令，已触发
11:44:53.069	S2P1B2F1A	紧急	三取二逻辑	中性母线保护跳 MBS2 未接地失灵，已触发
11:44:53.070	S2DCC1	紧急	直流保护	DCC 发出启动失灵跳正极换流器交流进线指令，出现
11:44:53.070	S2DCC1	紧急	直流保护	DCC 发出重合 MBS2 (0002) 指令，出现
11:44:53.070	S2DCC1	紧急	直流保护	DCC 发出启动失灵跳正极换流器阀侧交流断路器命令，出现
11:44:53.070	S2DCC1	紧急	直流保护	DCC 发出跳 MBS1 (0001) 指令，出现

　　B 换流站中性母线差动保护动作波形如图 6 - 57、图 6 - 58 所示。

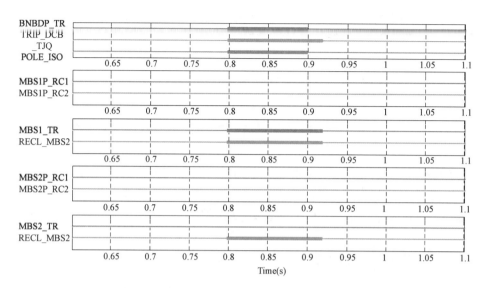

图 6 - 57　B 换流站中性母线差动保护动作母线保护三取二 B2F 装置波形图

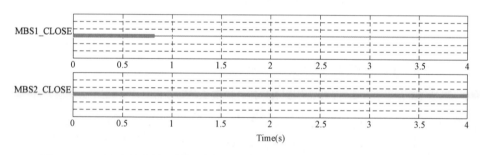

图 6 - 58　B 换流站中性母线差动保护动作母线保护 DBP 装置 MBS 开关位置图

根据图 6 - 57 母线保护三取二 B2F 装置波形可以看出，金属回线未合环的情况下，中性母线差动保护动作信号 BNBDP_TR 出现后，母线保护三取二装置发出 MBS1 跳闸信号 MBS1_TR 和 MBS2 跳闸信号 MBS2_TR，因 BC 金属回线开关 MBS1 不经故障点与接地点相连，因此可以拉开。因金属回线未合环，BA 金属回线开关 MBS2 处于 "未接地失灵" 状态，因此母线保护三取二装置发出 MBS2 重合闸信号 RECL_MBS2，BA 金属回线开关 MBS2 不能拉开。因 BA 金属回线开关 MBS2 无法打开，因此跳直流断路器启动重合闸、启动失灵 TRIP_DCB_TJQ 信号、POLE_ISO 极隔离出现，即直流断路器断开、极闭锁隔离。根据图 6 - 58 母线保护 DBP 装置波形可以看出，BC 金属回线 MBS1_CLOSE 信号消失，BA 金属回线的 MBS 开关合位信号 MBS2_CLOSE 信号保持，即 B 换流站 BC 金属回线开关 MBS1 断开，BA 金属回线开关 MBS2 不动作，试验成功。

调试问题分析

在系统调试期间，对于发现的技术问题，现场人员组织厂家等对问题进行了及时分析，保证了系统调试的顺利进行。本章主要介绍张北柔直工程调试期间的典型设备故障，充分分析了事故发生的原因。

7.1 换流阀问题分析

7.1.1 C换流站正极交流启动电阻过电流保护动作跳闸问题

C换流站正极交流启动电阻过电流保护动作跳闸问题介绍如下：

（1）问题描述。C换流站系统调试期间，进行正极带换流变压器充电及换流阀充电时，阀侧交流启动电阻过电流保护A相动作，保护极隔离命令。正极交流充电电阻过电流保护动作报文见表7-1。

表7-1　　　　　　　　正极交流充电电阻过电流保护动作报文

时间	主机名	事件等级	报警组	事件状态
21:22:29.212	S3P1PCP1	正常	换流变压器	1号换流变压器保护C_大差工频变化量差动保护启动
21:22:29.212	S3P1PCP1	正常	换流变压器	1号换流变压器保护C_小差工频变化量差动保护启动
21:22:29.212	S3P1PCP1	正常	换流变压器	1号换流变压器保护A_大差工频变化量差动保护启动
21:22:29.212	S3P1PCP1	正常	换流变压器	1号换流变压器保护B_大差工频变化量差动保护启动
21:22:29.213	S3P1PPR1	紧急	交流母线	阀侧启动电阻过电流保护A相动作
21:22:29.214	S3P1PPR1	紧急	顺序控制	保护跳闸发出隔离指令出现
21:22:29.214	S3P1PCP1	紧急	三取二逻辑	跳换流变压器阀侧断路器C相命令已触发
21:22:29.214	S3P1PCP1	紧急	三取二逻辑	跳换流变压器阀侧断路器B相命令已触发
21:22:29.214	S3P1PCP1	紧急	三取二逻辑	跳换流变压器阀侧断路器A相命令已触发
21:22:29.214	S3P1PCP1	紧急	换流器	保护出口闭锁换流阀出现
21:22:29.214	S3P1PCP1	紧急	换流器	保护极隔离命令出现
21:22:29.214	S3P1P2F1	紧急	三取二逻辑	分直流断路器启动对侧重合命令已触发

（2）原因分析。启动电阻过电流保护原理为 $|IvRrms|>I\_set$，其中 IvRrms 表示启动电阻测点处的电流，I_set 为保护定值 30A，延时 2s 动作。

故障录波如图 7-1 所示，其中 IVR_L1RMS 表示启动电阻 A 相电流，通过录波看出流过启动电阻的电流为 30~43A，保护动作结果正确。

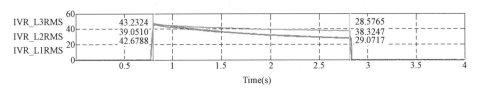

图 7-1 正极 IvRrms 录波

经过检查 ABB 换流阀，发现 B 相下桥臂的子模块平均电压为零，B 相上桥臂子模块平均电压为 480V，其他桥臂均为 640V。初步分析为 B 相充电失败，充电失败的原因可能分为子模块绝缘接地短路或子模块断开。

经查看换流阀的上桥臂电流 IBP，发现 B 相上桥臂的电流 IBP_L2 在开始充电时相同，但三个充电周期后出现反向，如图 7-2 所示。

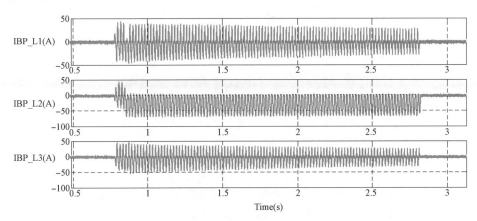

图 7-2 上桥臂电流波形

经过波形分析，B 相上桥臂可能出现绝缘击穿情况，根据 B 相上桥臂电容平均值约为 480V，是其他桥臂的 75%，绝缘接地的可能位置可能靠近交流侧。进阀厅检查后，定位到故障点在 B 相正桥臂 3 号阀塔底部到 4 号阀塔顶部间发生了对地短路放电，由于 4 号阀塔顶部无对地路径，故将故障点定位在 3 号阀塔底部阀支架部分。

（3）处理措施。分别对阀塔底部端子、阀塔水管、阀塔光纤气管槽盒、阀塔支撑绝缘子进行耐压试验。试验最终发现第三根阀塔支撑绝缘子在耐受电压至 5.9kV 时出现了击穿现象，如图 7-3 橙色点所示，并在拆除两根绝缘拉杆后复测依然如此。故障点在此绝缘子上，其他部位无故障。已经将击穿的支撑绝缘子更换，再次充电时，未出现故障。

 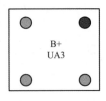

图 7-3　故障绝缘子位置

7.1.2　C换流站高频分量问题

C换流站高频分量问题介绍如下：

（1）问题描述。自 2020 年 4 月 30 日至 5 月 18 日，C 换流站调试期间共出现 14 次高频保护分量跳闸，其中 10 次因交流侧合环引起、4 次因主备系统切换引起。2020 年 4 月 30 日，高频分量快速保护动作跳闸波形如图 7-4 所示。

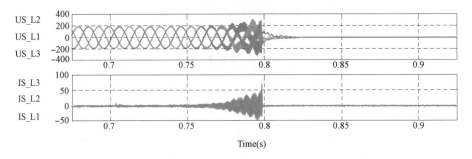

图 7-4　高频分量快速保护动作跳闸波形

US_L1/US_L2/US_L3 表示换流变压器网侧 ABC 三相电压、IS_L1/IS_L2/IS_L3 表示换流变压器网侧 ABC 三相电流，从波形上看明显振荡发散，输出电压的 DQ 分量振荡发散，周期约 3373Hz。

（2）原因分析。

1）导致闭锁跳闸的振荡频率基本上均高于 3000Hz，属于高频振荡。

2）高频谐振的产生与 C 换流站的一次设备参数（包括测量设备）以及系统调试时的特殊运行方式（C 换流站完全处于孤岛运行方式）相关。

3）高频振荡发生时，阀控系统接收到的来自柔性直流控制系统的电压参考值中含有相同频率的高频谐波成分。

4）从故障录波波形上看，阀控系统对收到的参考波进行了符合预期的跟随控制。

（3）处理措施。

1）柔性直流控制系统：采取措施降低电压参考波中的高频谐波成分。

2）阀控系统：若柔性直流控制系统无法完全消除电压参考波中的高频谐波成分，阀控可以对接收到的电压参考波进行滤波处理，进一步降低其中的高频谐波成分。

3）以其中某一次的闭锁跳闸波形为例：电压参考波中含有 0.5kV 的高频（3950Hz）谐波成分，实际产生的交流电压中含有 13kV 的高频（3950Hz）谐波成分，说明整个系统对参考电压中高频分量的放大系数约为 26 倍。柔性直流控制系统将生成的电压参考波中的高频分量至少减半至 0.25kV 的水平，阀控系统接收到电压参考波后，通过增加滤波环节将其进一步减半至 0.125kV 的水平，通过上述两步，可以将实际产生的交流电压中的高频谐波成分降低至较低水平（低于 3.25kV），从而避免高频谐波引起的闭锁跳闸。

综上所述，在阀控中加入上述功能协助柔性直流控制系统消除参考波的高频成分。在 6 月 1 日之后进行的系统切换及其他试验中，高频谐波保护跳闸未再动作。

7.1.3　C 换流站阀控系统切换引起桥臂电流扰动问题

C 换流站阀控系统切换引起桥臂电流扰动问题介绍如下：

（1）问题描述。C 换流站端对端调试期间，进行"模拟 PCP 与 VBC 下行通道故障试验"过程中，将值班极控制系统 PCP A 与阀控 VBC A 下行通道的光纤拔出；VBC A 系统请求切换，PCP B 切换为值班系统，PCP A 显示状态为"紧急故障"，直流输电系统继续正常运行。

5 时 25 分 C 换流站下令，恢复 PCP A 与 VBC A 下行通道的光纤接线。

5 时 29 分 C 换流站下令，将值班系统 PCP B 与 VBC B 下行通道的光纤拔出；VBC B 系统请求切换，PCP A 切换为值班系统，阀侧交流差动保护Ⅰ段 C 相动作，系统跳闸，跳闸的报文见表 7-2。

表 7-2　　　　　　　　　　　跳　闸　的　报　文

时间	主机名	事件等级	报警组	事件状态
05:30:01.738	S3P1PPR1	紧急	换流器	阀侧连接线差动保护Ⅰ段 C 相动作
05:30:01.845	S3P1PCP1	紧急	换流器	保护极隔离命令出现
05:30:01.845	S3P1PCP1	紧急	三取二逻辑	跳换流变压器阀侧断路器 B 相命令已触发
05:30:01.845	S3P1PCP1	紧急	三取二逻辑	跳换流变压器阀侧断路器 A 相命令已触发
05:30:01.845	S3P1PCP1	紧急	换流器	保护出口闭锁换流阀出现
05:30:01.845	S3P2L2F1	紧急	直流线路	闭锁线路重合闸
05:30:01.845	S3P1P2F1	紧急	三取二逻辑	分直流断路器启动对侧重合命令已触发

（2）原因分析。现场分析，5时29分将值班系统PCP B与VBC B下行通道光纤拔出时，在切换瞬间：

1）极控下发的参考波在A/B系统间存在相位漂移。在系统切换之前，A/B系统收到的参考波存在相位相对漂移。经与控保发出的参考波相比较，发现该相位漂移由于阀控录波（频率20kHz）不准确所致。

2）阀产生的桥臂电流产生了较大的波动。发现为阀控A系统跟随控保A系统，阀控B系统跟随控保B系统会产生切换时的扰动，进而导致桥臂电流产生波动。具体原因为在换流阀阀控系统原程序中非值班系统的锁相环PI调节器的积分环节一直处于使能状态，会由电压参考波的非正常波形（例如插拔通信光纤过程中）导致锁相环输出产生非预期的偏移，进而导致系统切换期间对系统产生非预期的扰动。

（3）处理措施。

1）将阀控录波频率由20kHz修改为10kHz，使得调试期间保持录波频率的一致性。

2）将非值班系统的锁相环PI调节器积分环节改为跟随值班系统，屏蔽非值班系统电压参考波的非正常波形对积分环节的影响，从而提高阀控A、B系统PI调节器特性的一致性。修改后，现场试验验证无误。

7.1.4　C换流站阀控自检逻辑问题

C换流站阀控自检逻辑问题介绍如下：

（1）问题描述。2020年5月11日0时50分30秒，C换流站进行"C换流站耗能装置核相试验"过程中，正极极连接，1号换流变压器2203断路器合位，分段2244断路器合位，对换流阀进行充电时，正极上桥臂主机B阀控单元6（C相下桥臂）子模块自检异常跳闸，1号换流变压器2203断路器、分段2244断路器、正极0312断路器、正极金属中性线0010断路器跳闸，正极换流阀闭锁。子模块自检异常跳闸报文见表7-3。

表7-3　　　　　　　　　子模块自检异常跳闸报文

时间	主机名	事件等级	报警组	事件状态
00：50：30.950	S3P1PCP1	紧急	系统监视	阀控跳闸命令出现
00：50：30.950	S3P1PCP1	紧急	换流器	保护极隔离命令出现
00：50：30.950	S3P1PCP1	紧急	换流器	保护出口闭锁换流阀出现
00：50：30.950	S3P2L2F1	紧急	直流线路	闭锁线路重合闸
00：50：30.950	S3P1P2F1	紧急	三取二逻辑	分直流断路器启动对侧重合命令，已触发

（2）原因分析。经分析，换流阀闭锁跳闸后开始放电，子模块电容电压低

至定值后，阀控失去与换流阀之间的通信。若通信丢失后很快又对换流阀再次充电，有可能导致子模块控制板在未完全失电的状态下又再次恢复工作，导致阀控系统的子模块初始化逻辑产生非预期的状态输出，继而在阀控系统判出换流阀再次充电后误判已旁路的子模块为故障子模块，引起阀控跳闸。

（3）处理措施。对阀控程序进行优化，进一步减小了子模块充电后，读取旁路子模块信息和判断子模块异常状态逻辑时序问题，以确保在任何情况下，子模块充电后阀控都会先读取旁路子模块信息，再对未旁路的子模块进行异常状态判断。

7.1.5　C 换流站阀控电流测量异常导致闭锁问题

C 换流站阀控电流测量异常导致闭锁问题介绍如下：

（1）问题描述。2021 年 1 月 31 日，C 换流站正极换流阀运行时，阀控报出过多子模块同时故障，正极阀控接口 B 发阀控跳闸请求，正极换流阀由运行转为闭锁状态。阀控跳闸报文见表 7-4。

表 7-4　　　　　　　　　　　　　阀控跳闸报文

时间	主机名	事件等级	报警组	事件状态
20:37:29.249	VBI	紧急	正极阀控接口 B	阀控跳闸
22:28:43.270	S3P1PCP1	紧急	换流器	保护极隔离命令
22:28:46.261	S3P1PCP1	紧急	系统监视	阀控跳闸命令
22:28:53.228	S3P1PCP1	紧急	换流器	保护出口闭锁换流阀
22:28:53.493	S3P2L2F1	紧急	直流线路	闭锁线路重合闸
22:28:53.494	S3P2L2F1	报警	直流线路	闭锁线路重合闸

（2）原因分析。检查事件记录发现，正极阀控接口 B 报出四个子模块电压过高，满足 ABB"过多子模块同时故障跳闸"判据，保护出口动作跳闸。该判据逻辑为：4 个及以上子模块相继在 1.5ms 内出现电压过高，超过过电压保护定值（3.6kV）后，报出"过多子模块同时故障"，换流阀申请跳闸。

检查故障录波发现，正极换流阀 C 相下桥臂子模块电压均异常升高，如图 7-5 所示。

进一步检查换流阀桥臂电流发现，正极换流阀闭锁后，C 相下桥臂控制用的电流幅值长期处于 17～18A 之间进行波动，当子模块电压较高时，按照正常的阀控均压策略，电流为正时投下管切除子模块，防止给电容充电，如图 7-6 所示。但由于 OCT 测量故障，测量值始终为 18A，阀控一直下发投下管命令，导致实际电流为负时电容无法通过上管接入主回路进行放电，最终导致原本电压较高的子模块电压持续升高。

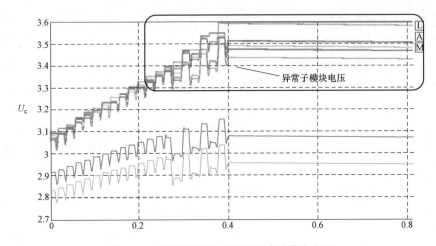

图 7-5　正极换流阀 C 相下桥臂子模块电压

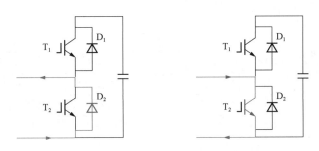

图 7-6　正极换流阀 C 相下桥臂子模块电流回路

检查监控后台，并未发现 OCT 部件及链路通道告警信息，初步排除 OCT 设备本身硬件故障，推测原因可能为 OCT 一个测量通道的同轴电缆接线松弛，导致测量值不更新。

与此同时，该次故障也暴露出阀控系统无法正确识别通道测量异常，未及时请求切换系统的设计隐患，存在单一元件造成直流闭锁的风险。

（3）处理措施如下：

1）现场更换该 OCT 的远端模块和同轴电缆，故障复归；

2）增加 OCT 测量异常进行系统切的控制逻辑：|上桥臂电流之和－下桥臂电流之和|＞135A，延时 25ms。

7.2　控制保护问题分析

7.2.1　MBS 故障跳闸重合动作逻辑不完善问题

MBS 故障跳闸重合动作逻辑不完善问题介绍如下：

（1）问题描述。2020年1月13日19时55分，在A换流站—B换流站双极端对端运行模式下，模拟B换流站双极中性母线故障跳闸试验中，控制保护系统发出了对连接于B换流站中性母线的两个MBS的重合闸指令，使站内BA、BC线金属回线MBS均在分断后重合。MBS故障跳闸报文见表7-5。

表7-5　　　　　　　　　　　　MBS故障跳闸报文

时间	主机名	事件等级	报警组	事件状态
19:55:00.584	S2P2DBP1	紧急	双极	中性母线差动保护动作
19:55:00.585	S2P2B2F1	紧急	三取二逻辑	跳换流变压器阀侧断路器命令已触发
19:55:00.585	S2P2B2F1	紧急	三取二逻辑	跳金属回线2MBS命令已触发
19:55:00.585	S2P2B2F1	紧急	三取二逻辑	重合金属回线1MBS命令已触发
19:55:00.586	S2P2PCP1	紧急	换流器	保护极隔离命令出现
19:55:00.586	S2P2PCP1	紧急	换流器	保护出口闭锁换流阀出现
19:55:00.630	S2P2PCP1	正常	交流场断路器	P2.WT.Q1（0322）断开
19:55:00.631	S2ACC281	正常	交流场断路器	WB.W20.Q1（2204）三相分
19:55:00.622	S2DCC1	正常	直流场断路器	WN.L2.Q1（0002）断开
19:55:00.684	S2DCC1	正常	直流场断路器	WN.L1.Q1（0001）合上
19:55:00.759	S2P2B2F1	紧急	三取二逻辑	重合金属回线2MBS命令，已触发
19:55:00.853	S2DCC1	正常	直流场断路器	WN.L2.Q1（0002）合上

（2）原因分析。张北柔直工程中中性母线差动保护动作的后果应为：闭锁换流器，跳直流断路器并启动重合、远跳对侧直流断路器并启动重合，跳开MBS不重合，跳开金属回线对侧MBS不重合；但MBS不同于直流断路器，其在故障发生后可转移故障电流，而不能直接拉断故障电流，因此MBS保护动作的判断原则是，所要断开的MBS，自不经过故障的方向与站内接地点连接时，即可断开，如图7-7所示。当B换流站发生中性母线差动保护动作时，对于B换流站BA金属回线的MBS，经过故障点的接地连接是指经BC金属回线从A换流站接地，不经过故障点的接地连接是指经BA金属回线从A换流站接地；而BC金属回线的接地连接判断逻辑与之相反。

试验时B换流站至A换流站线路的B换流站MBS原本处于合位，差动保护动作时该MBS判断为与站接地相连，正常分闸，同时A换流站MBS也成功分闸。当两端MBS分闸成功后，由于试验时因长期置数导致保护动作信号长期存在，导致跳MBS命令继续存在，而此时MBS判断为与站接地不相连，开关保护动作重合B换流站MBS。

由此可见，虽然真实故障情况下，当换流阀闭锁、MBS跳开后随着故障电

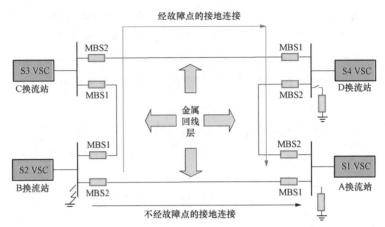

图 7-7　B 换流站中性母线接地时 BA 金属回线 MBS 直流转换开关的接地连接示意图

流降低保护动作信号将复归，但此处仍然暴露出：判断 MBS 是否存在不经过故障的方向与站内接地点连接时，并未考虑 MBS 本身未连接处于分闸状态的情况，此时试验时因长期置数导致保护动作信号长期存在，会继续检测是否有接地转移回路，若判定不存在反故障方向的接地点时，MBS 失灵保护出口会重合 MBS。

（3）处理措施。修改控制保护逻辑，在金属回线 MBS 或两侧隔离开关未连接时，不处理失灵跳闸逻辑。

如果本站 MBS 及其两侧隔离开关任一处于分位时，认为本站金属回线未连接，此时不出口跳 MBS 的命令。同时，对于本站金属回线 MBS 与两侧隔离开关原本就处于断开状态的情况，取消对金属回线是否有不经过故障点的接地连接的判断，此类情况下禁止出口重合闸指令。

7.2.2　C 换流站正极桥臂过电流保护动作问题

C 换流站正极桥臂过电流保护动作问题介绍如下：

（1）问题描述。2021 年 10 月 2 日 9 时 14 分 3 秒，C 换流站监控机 OWS 报"正极下桥臂过电流保护 Ⅱ 段 C 相动作，正极换流阀闭锁，正极极隔离，2203、0312、0510、0010、0512D 断路器分闸，DC 直流正极线线路隔离"，故障后功率全部转移至负极。MBS 正极桥臂过电流保护动作报文见表 7-6。

表 7-6　　　　　　　　　　MBS 正极桥臂过电流保护动作报文

时间	主机名	事件等级	报警组	事件状态
09:14:03.395	S3P1PPR1	紧急	交流母线	下桥臂过电流保护 Ⅱ 段 C 相动作
09:14:03.397	S3P1PCP	紧急	三取二逻辑	跳换流变压器进线断路器和启动失灵命令
09:14:03.397	S3P1PCP1	紧急	三取二逻辑	跳换流变压器阀侧断路器 C 相命令已触发
09:14:03.397	S3P1PCP1	紧急	三取二逻辑	跳换流变压器阀侧断路器 B 相命令已触发

续表

时间	主机名	事件等级	报警组	事件状态
09:14:03.397	S3P1PCP1	紧急	三取二逻辑	跳换流变压器阀侧断路器 A 相命令已触发
09:14:03.397	S3P1PCP1	紧急	换流器	保护出口闭锁换流阀出现
09:14:03.397	S3P1PCP1	紧急	换流器	保护极隔离命令出现
09:14:03.397	S3P1P2F1	紧急	三取二逻辑	分直流断路器启动对侧重合命令已触发

（2）原因分析。下桥臂过电流保护 Ⅱ 段原理为 $|IbPrms|>I\_set$，其中 IbPrms 表示桥臂电流，I_set 为保护定值 1470.9A，延时 20ms 动作。

正极换流阀下桥臂 C 相电流如图 7-8 所示，其中 IBN_L3RMS 表示 C 相下桥臂电流，通过录波看出流过接地电阻的电流大于 1470.9A，动作延时 20ms，保护动作结果正确。

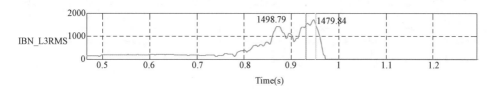

图 7-8　正极换流阀下桥臂 C 相电流

经与 C 换流站对端风电场民太站核实，换流阀闭锁前，09:14:02 左右，对端风电场正在进行主变压器投入，约 1s 后 C 换流站正极换流阀下桥臂过电流保护动作，闭锁换流阀。

如图 7-9 所示为极控 PCP 故障录波波形。其中 US 表示换流变压器网侧电压、IS 换流变压器网侧电流，观察录波可以发现，故障前电流、电压波形发生畸变。

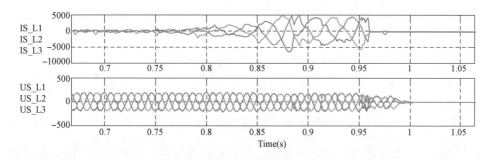

图 7-9　正极 PCP 故障录波波形

对换流变压器网侧电流谐波分析结果如图 7-10 所示，Magnitude of IS 为换流变压器网侧电流谐波幅值，其中网侧电流 20Hz 谐波幅值超过 600A，远大于

189

工频电流分量幅值，Harmonic content of IS_L（％）为换流变压器网侧电流谐波含量，可以看出网侧电流 20Hz 谐波平均含量超过 200％。

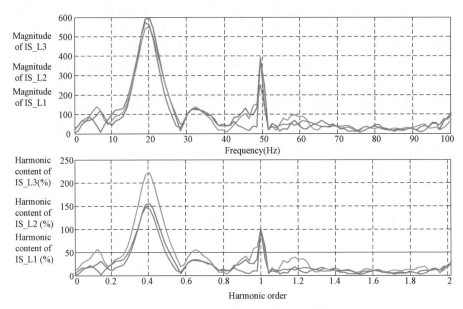

图 7-10　换流变压器网侧电流谐波分析结果

　　如图 7-11、图 7-12 所示为正极换流阀闭锁前正、负极有功功率和无功功率波形图。P_REAL_S 表示有功功率、Q_REAL_S 表示无功功率，由图可知换流阀闭锁前正负极功率明显发生了振荡，正极换流阀闭锁后振荡消失。

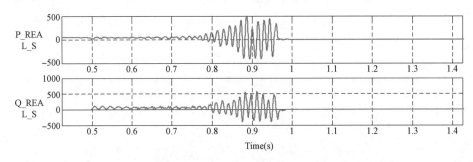

图 7-11　正极换流阀闭锁前正极有功、无功功率波形

　　提取正、负极网侧电流波形数据，进行数据复分析，提取 20Hz 谐波分量幅值及相位，并重构 20Hz 谐波电流波形，发现正、负极相位相反，幅值相等（4600A 左右）。将正、负极网侧电流 IS 叠加，电流求和后为负荷电流与励磁涌流叠加，未发现低频 20Hz 分量。

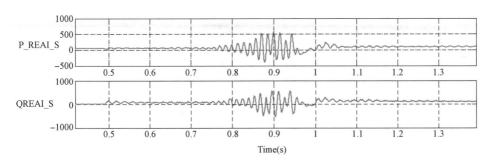

图 7-12　正极换流阀闭锁前负极有功、无功功率波形

综上所述，虽然正极换流阀下桥臂 C 相过电流保护Ⅱ段动作，但是检查一次设备无异常，而且正、负极换流阀桥臂波形基本一致，并且是在合上风电场主变压器开关后即刻发生的换流阀闭锁，可排除正极换流阀下桥臂 C 相发生接地等一次设备故障的可能性。

在 C 换流站双极直流系统带功率情况下，新能源场站投入主变压器产生的励磁涌流作为激励源，同时投入主变压器引起交流系统阻抗变化，使得交流系统阻抗在 20Hz 频段出现阻抗匹配，形成谐振，峰值 4600A 左右的谐波电流导致桥臂过电流保护动作跳闸。

（3）处理措施。修改控制保护逻辑，增加控制开闭环转换功能。

1）现场采用小功率开环，大功率闭环控制，开闭环自动转换方案。有功功率超过 45MW，由开环转闭环控制；有功功率低于 15MW，由闭环转开环控制；增加开闭环状态显示及报文。

2）开环控制模式下，若网侧电流瞬时值超过 1.1（标幺值）（1.1×2662A），持续 1ms 时，由开环转闭环控制；低于该值持续 20ms 后由闭环转开环控制。

3）闭环控制下，二次谐波电流超过 50A 后，闭环转开环控制；低于 15A 持续 2s 后由开环转闭环控制；自动识别直流故障，避免转为开环控制。

4）转闭环控制优先级高于转开环控制。

7.2.3　D 换流站全电压谐波保护动作跳闸问题

D 换流站全电压谐波保护动作跳闸问题介绍如下：

（1）问题描述。2021 年 10 月 29 日 18 时 12 分 33 秒 954，D 换流站与 C 换流站正极端对端运行，功率为 340MW。D 换流站正极极保护装置网侧交流全电压谐波保护 C 相 A、B、C 三套保护动作，闭锁换流阀，跳网侧交流断路器 5011、阀侧断路器 0312、DC 直流正极线直流断路器 0512D、极隔离。故障报文见表 7-7。

表 7-7   故 障 报 文

时间	主机名	事件等级	报警组	事件状态
18:12:33.954	S4P1PPR1	紧急	换流器	网侧交流全电压谐波保护 C 相动作
18:12:34.179	S4P1PPR1	紧急	换流器	网侧交流全电压谐波保护 C 相动作
18:12:34.180	S4P1P2F1	紧急	三取二逻辑	跳换流变压器进线断路器和启动失灵命令触发
18:12:34.180	S4P1P2F1	紧急	三取二逻辑	跳换流变压器进线断路器和启动失灵命令触发
18:12:34.180	S4P1PCP1	紧急	直流场	启动失灵跳交流进线 3/2 接线边断路器，出现
18:12:34.180	S4P1PCP1	紧急	直流场	启动失灵跳交流进线 3/2 接线中断路器，出现
18:12:34.180	S4P1PCP1	紧急	直流场	跳阀侧交流断路器 A、B、C 三相命令
18:12:34.180	S4P1P2F1	紧急	三取二逻辑	跳换流变压器阀侧断路器 A 相命令
18:12:34.180	S4P1P2F1	紧急	三取二逻辑	跳换流变压器阀侧断路器 B 相命令
18:12:34.180	S4P1P2F1	紧急	三取二逻辑	跳换流变压器阀侧断路器 C 相命令
18:12:34.181	S4P1PCP1	紧急	换流器	保护极隔离命令，出现
18:12:34.181	S4P1PPR1	紧急	换流器	网侧交流全电压谐波保护 C 相动作

（2）原因分析。

网侧全电压谐波保护为控制类保护，其原理为：对网侧电压 U_s 分别计算其全波有效值和基波有效值，然后将全波有效值中去除基波有效值，剩余谐波有效值，最后用谐波有效值和基波有效值比较，求出谐波占比 THD 与定值比较。全电压谐波 THD 计算原理如图 7-13 所示。

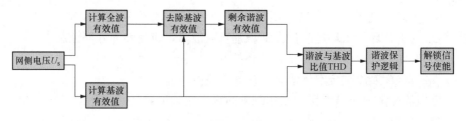

图 7-13 全电压谐波 THD 计算原理图

保护动作逻辑：在换流阀解锁状态，保护使能的条件下，全电压谐波 THD 值达到保护定值 0.05，二次谐波制动值 41.23A，延时 1s 后动作。

故障录波如图 7-14 所示，正极极保护 PPR A、B、C 三套保护中 C 相全电压谐波 US_L3_OTHER 值均大于 0.05，二次谐波制动电流 IS_L1_100Hz、IS_L2_100Hz、IS_L3_100Hz 均未达到制动定值 41.23A，保护正确动作。

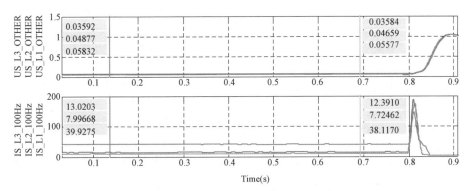

图 7-14 正极极保护录波

故障发生原因：故障前，D 换流站与 C 换流站正极端对端运行，负极完成极连接，合 5033 断路器对负极换流变压器、换流阀充电时保护动作跳闸，分析判断为合 5033 断路器后正极产生合应涌流导致全电压谐波保护动作。并联或级联连接形式的 2 台变压器，当其中 1 台变压器空载合闸时，合闸变压器产生的励磁涌流会与运行变压器发生合应作用，导致运行变压器产生合应涌流。

（3）处理措施。

1）保护动作前的故障录波信息只能记录到保护触发前 800ms，而网侧交流全电压谐波保护延时 1s 动作，不利于通过录波判断保护是否正确动作，因此 PPR 主机触发录波前序时长增加到 1500ms。

2）网侧交流电压畸变率保护报警信号和宽频谐波保护报警信号增加触发录波功能。

3）将全电压谐波保护设置为两段：一段定值 6%，延时 1min 跳闸；二段定值 9%，延时 2s 跳闸。二次谐波制动定值改为 23A。

7.2.4 D 换流站进行 220V 直流电源丢失试验造成站用电失电

D 换流站进行 220V 直流电源丢失试验造成站用电失电介绍如下：

（1）问题描述。2020 年 6 月 4 日，D 换流站进行 C 段直流电源故障试验时，断掉 500kV 继电小室 C 段 1 号直流馈电屏电源后，1 号站用变压器进线断路器 201、2 号站用变压器进线断路器 202 跳开，10kV 备用段进线断路器 200 闭锁，10kV 备自投状态退出。D 换流站进行 220V 直流电源丢失试验故障报文见表 7-8。

表 7-8　　　　　D 换流站进行 220V 直流电源丢失试验故障报文

时间	主机名	事件等级	报警组	事件状态
11:17:59.007	S4SPC1	正常	站用电系统	10kV 1 号站用变压器 201 断路器柜手车位置移动中
11:17:59.007	S4SPC1	正常	站用电系统	10kV 2 号站用变压器 202 断路器柜手车位置移动中
11:17:59.007	S4SPC1	正常	站用电系统	10kV 0 号站用变压器 200 断路器柜手车位置移动中
11:18:00.279	S4SPC1	报警	站用电系统	1 号站用变压器低压侧操作箱第一组控制回路断线
11:18:00.279	S4SPC1	报警	站用电系统	1 号站用变低压侧操作箱第二组控制回路断线
11:18:00.279	S4SPC1	报警	站用电系统	2 号站用变压器低压侧操作箱第一组控制回路断线
11:18:00.279	S4SPC1	报警	站用电系统	2 号站用变压器低压侧操作箱第二组控制回路断线
11:18:00.284	S4SPC1	正常	站用电开关	10kV 2 号站用变压器 202 断路器分位
11:18:00.284	S4SPC1	正常	站用电开关	10kV 1 号站用变压器 201 断路器分位
11:18:02.056	S4SPC1	报警	站用电开关	10kV 备用段进线开关柜断路器闭锁
11:18:02.079	S4SPC1	报警	站用电系统	10kV 断路器闭锁
11:18:02.080	S4SPC1	报警	站用电系统	10kV 备自投状态退出

（2）原因分析。10kV 母线进线电源可用的判据为手车工作位置与进线有压，10kV 进线断路器 200、201、202 的手车试验、工作位置通过重动继电器接到主备两套站用电接口柜，重动继电器由 C 段直流供电。C 段直流馈电屏断电后，重动继电器失电，手车位置信号丢失，导致程序判定 10kV 母线进行电源不可用，备自投逻辑动作，跳 10kV 进线断路器 200、201、202 及两个 10kV 母联断路器 210、220。

最终结果 10kV 进线断路器 201、202 跳开，由于备用段进线断路器 200 的控制电源由 C 段 1 号直流馈电屏提供，所以 200 断路器跳不开。断路器 200 在 2s 内未分开，闭锁该断路器，并且将 10kV 备自投退出。

（3）处理措施。

1）断路器的"断路器手车在工作位置""断路器合位""断路器分位"信号回路取消重动继电器，要求上述信号均提供两个独立的原始触点供两套站用电控制保护系统使用。防止重动继电器失电导致两套控制系统误判。

2）修改 10kV 备自投软件逻辑，取消进线电源可用判断逻辑中"进线电压正常"和"断路器在工作位置"相与的逻辑。防止因断路器位置异常导致备自投逻辑误动作。

3）重新开展 10kV 进线断路器、10kV 母联断路器的相关试验，内容包括：

a. 二次线核对、绝缘检查；

b. 就地操作、信号检查、保护传动；

c. 联锁逻辑检查；

d. 遥信、遥控功能检查；

e. 重新开展带电情况下的直流电源掉电试验、10kV 站用电备自投试验。

7.2.5　B 换流站直流设备过电压问题

B 换流站直流设备过电压问题介绍如下：

（1）问题描述。2020 年 10 月 26 日，A 换流站—B 换流站正极端对端运行，B 换流站处于孤岛运行状态，在 A 换流站负极带 B 换流站负极直流启动过程中，正极线路保护动作，换流阀闭锁，B 换流站 BA 正极直流断路器 0512D 跳开后，新能源无法送出，换流器输出电压持续增高，如图 7 - 15 所示。当直流电压 P1UDC 大于 575kV 时，正极过电压触发耗能，耗能装置 661H 解锁投入。因直流电压 P1UDC 一直波动，耗能装置反复投入退出，当正极换流阀闭锁后，耗能装置稳定投入，直流电压开始降低。在直流电压过电压的 1s 多的时间内，B 换流站内多处低压设备因过电压损坏。

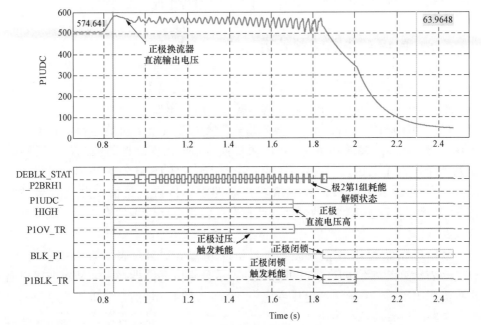

图 7 - 15　B 换流站过电压问题录波波形图

（2）原因分析。

1）根据录波及报文分析，此次 B 换流站正极跳闸为 A 换流站正极极保护动作后所发的远跳信号导致，初步分析为 A 换流站负极换流变压器充电过程中的励磁涌流以及和应涌流导致正极网侧交流电压二次、三次谐波含量增加，引起保护动作跳闸。

2）此次 B 换流站 10kV 及低压侧交流过电压水平均远超出国家标准，且超出设备耐受水平，造成站用变压器低压侧上所连接设备出现故障甚至损害。

3）造成此次交流过电压的原因在于，安稳装置尚未投入且控制保护逻辑没有相应的防范措施，站内发生故障后，新能源不能及时切机。

（3）处理措施。

1）针对此次故障导致损坏的站内设备及辅助设施部分进行检查、修复及更换。

2）针对 B 换流站孤岛运行新能源无法送出引起设备过电压问题，修改控制保护逻辑，当 B 换流站处于孤岛状态，在单极运行单极闭锁或双极运行双极闭锁的工况，控制保护装置跳开 B 换流站新能源进线断路器、跳开站用变压器高压侧断路器。

3）关于 A 换流站启动过程中的跳闸问题，暂时在网侧交流全电压谐波保护动作逻辑中增加二次谐波制动功能，避免启动过程中保护误动。

7.3　直流断路器问题分析

7.3.1　思源断路器分闸过程中引起直流母线过电压

思源断路器分闸过程中引起直流母线过电压介绍如下：

（1）问题描述。故障前，D 换流站—C 换流站负极端对端运行，直流运行电压为$-500kV$，输送功率为 0，送端 C 换流站处于孤岛控制模式，受端 D 换流站处于定直流电压控制模式。2020 年 12 月 24 日 16 点 2 分 35 秒，C 换流站故障，闭锁本站换流阀、跳本站直流断路器。D 换流站极控制装置录波如图 7-16 所示，D 换流站接收站间协调控制优化指令闭锁本站换流阀、跳本站直流断路器。

D 换流站站控制装置录波如图 7-17 所示，UDL1 表示直流线路电压，UDLB 表示直流母线电压、SLOP_ORD 表示分直流断路器指令，从录波可以看出换流阀闭锁后，直流母线电压变为$-420kV$，约 60ms 后，分机械式直流断路器，分断时刻直流母线过电压，1s 后直流母线过电压保护Ⅲ动作。直流母线过电压保护定值为$-600kV$，延时 1s，保护动作正确。

（2）原因分析。思源直流断路器采用机械式技术路线，机械式直流断路器与

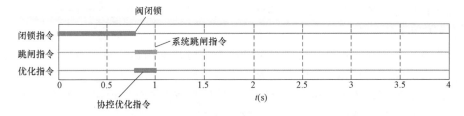

图 7 - 16 D换流站极控制装置录波

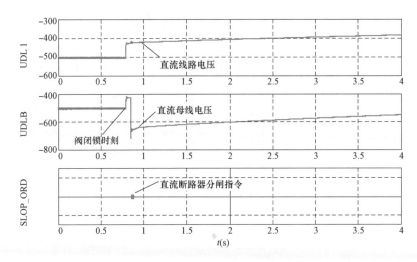

图 7 - 17 D换流站站控制装置录波

负极直流母线、直流线路构成的回路如图 7 - 18 所示。换流阀闭锁后，分闸工况为母线带电压无负载开断，此情况下机械式直流断路器分闸到有效开距时，其主支路已无电流处于断开状态，此时触发转移支路 IGCT 阀组导通，转移支路电容、电感无法与主支路形成闭合的振荡回路，快速放电，导致转移支路储能电容电压250kV，叠加直流线路对地电容电压 420kV 后，导致负极直流母线过电压。

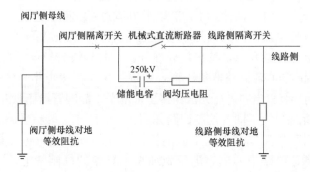

图 7 - 18 机械式直流断路器与负极直流母线、直流线路构成的回路

197

（3）处理措施。通过改变机械式直流断路器转移支路电容的极性，使转移支路电容电压与直流线路对地电压相互抵消，而不是现在的叠加。对于正极直流母线，机械式直流断路器转移支路电容改为母线侧为负；对于负极直流母线，机械式直流断路器转移支路电容改为母线侧为正。

以负极为例，改进前机械式直流断路器转移支路电容充电回路如图7-19所示。调整直流断路器转移支路每一层整流二极管的安装方向，从而改变转移支路中的电容极性。

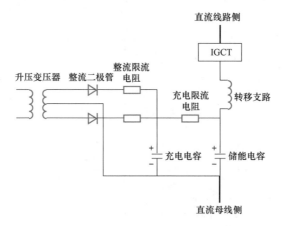

图7-19 转移支路电容充电原理

7.3.2 高压直流断路器负压耦合电路中晶闸管驱动模块误触发问题

高压直流断路器负压耦合电路中晶闸管驱动模块误触发问题介绍如下：

（1）问题描述。2020年5月17日，C换流站在断路器合闸试验后（断路器合闸时，线路侧是−500kV，阀侧是0V），2020年5月17日0点55分，进行模拟极母线差动保护跳闸试验，因高压直流断路器合闸后负压耦合充电电压显示43V，不允许分闸，在收到快分指令后，断路器0522D上报失灵信号。

（2）原因分析。经现场分析，因直流断路器需具备分断25kA线路故障电流能力，负压耦合充电电压需达到25kV以上方能对主支路快速机械开关在开断过程中熄弧关断故障电流。因为负压耦合电容充电电压为43V远低于控制保护程序设置负压耦合允许触发值，禁止快分慢分，在收到快分指令时断路器报失灵。

进阀厅检测高压直流断路器负压耦合装置一次本体发现晶闸管有损坏击穿现象，因此负压耦合装置电容电压无法保持正常水平，晶闸管损坏原因分析如下：

高压直流断路器负压耦合控制回路如图7-20所示，转移支路合闸时，系统瞬时电压扰动引起负压耦合电路中晶闸管驱动模块误触发，进而导致部分晶闸管导通，负压耦合电路中的电容电压施加在未导通的晶闸管上，超过晶闸管电压耐受能力，从而击穿损坏晶闸管。

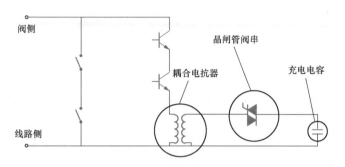

图 7 - 20　高压直流断路器负压耦合控制回路

为验证这一分析，将运回的完好晶闸管阀串进行了雷电冲击试验，试验表明在 42kV 雷电冲击测试时，晶闸管阀串中某一晶闸管发生误触发（单个晶闸管端电压为 3.7kV，低于预设值 4.2kV），并且晶闸管为持续一段时间后才导通，因此可推测该误触发由辅助触发电路引起，去掉辅助触发电路后重新进行测试，晶闸管误触发现象消失。

（3）处理措施。

1）优化驱动，防止晶闸管误触发。去掉负压耦合电路中晶闸管辅助触发电路，由原有设计中的避雷器来限制晶闸管的端电压（每个晶闸管都并联有 4.2kV 避雷器进行过电压保护），同时增加晶闸管防误触发电路（晶闸管门极加装电容与二极管），消除电压扰动影响，避免晶闸管误触发。

2）优化负压耦合回路二次供电回路，防止晶闸管误触发。为防止二次供电回路电压波动干扰可能会对晶闸管触发产生影响，在负压耦合交流 220V 供电回路的 LN 线间、L 与 PE 线间以及 N 与 PE 间增加浪涌保护器限制供电电压，对负压耦合驱动板卡可靠供能。

经过上述修改后，正、负极直流断路器分别进行了合闸试验（断路器两侧一侧是 500kV，另一侧是 0V），合闸试验顺利完成。

7.3.3　高压直流断路器负压耦合充电回路故障

高压直流断路器负压耦合充电回路故障介绍如下：

（1）问题描述。2020 年 6 月 27 日 16 点 59 分 41 秒，C 换流站负极高压直流断路器负压耦合电容电压变为 43V，后台和就地显示负压耦合回路电容充电故障。

（2）原因分析。在负压耦合电容电压变为 43V 前未对断路器做合闸和分闸操作，检查控制保护装置也未向负压耦合装置发送电能泄放指令，出现电压下降故障现象后，负压耦合充电机进入故障保护锁定状态。进入该锁定状态的条件是：充电速度（充电电压上升率）降低或充电机长时间进入高功耗工作状态

（输入功率保持在一个高水平）时，负压耦合将执行保护性动作，切断升压变压器电源输入，进入锁定状态，同时执行电容泄放程序，导致电容电压下降，并报充电回路故障代码。

检修期间，将断路器上电重启后，负压耦合回路重新启动充电功能，当充电到 11.6kV 时，负压耦合回路再次出现保护性锁定动作，初步判断为由于某种原因导致充电速度降低，触发了充电控制器保护性锁定功能。

通过上塔排查，发现给电容充电的 4 台升压变压器中有 2 台升压变压器工作状态异常，具体现象为恒电流充电过程中升压变压器一次侧电压始终保持在 20V 以下，不随充电电压升高而升高，根据这个现象可以判断升压变压器内部可能存在线圈短路或绝缘介质失效，无高压输出或高压输出端电压无法达到额定值，由此导致充电电压上升率降低，触发充电控制器进入保护性锁定状态。具体分析如下：

1）充电过程故障分析。充电控制器通过检测输入电流来自动调节输出功率，实现对升压变压器的恒流驱动。4 台升压变压器输出经高压硅堆连接到并联等位线，并联等位线通过充电保护电阻向电容充电。整个电路原理是 4 台充电机恒流输出，通过并联等位线并联为储能电容充电，显然，当其中 1 台或 2 台升压变压器出现故障时，并联等位线上无法为储能电容提供额定的充电电流，最终导致充电机充电效率下降。

2）稳态故障分析。因为升压变压器损坏的原因判断为变压器内部线圈短路或绝缘介质损伤，稳态工作时，导致变压器内部产生较大的发热功耗，控制器一直检测到较大的功率输出，控制器在检测到较大稳态功率输出时，如果这个较大的稳态功率持续超过 120s，控制器将断开功率输出，并锁定等待故障排除。

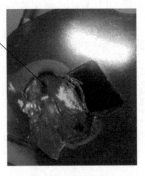

裂缝中流出绝缘材料
碳化的绝缘介质

图 7-21　故障变压器解剖图

3）变压器故障原理分析。通过对变压器返厂进行局部放电和通电测试，发现损坏的变压器局部放电点电压低于 5kV，通电测试中，在 6min 内出现内部烧蚀冒烟现象。对疑似故障点进行解剖分析，如图 7-21 所示，发现变压器高压输出侧出现裂缝，并出现明显的烧蚀特征。

（3）处理措施。更换功率和耐压裕度更大的变压器，采用全桥整流结构为电容充电，全桥结构的优点在于不存在磁通偏移问题，在保障充电效率不降低的前提下，升压变压器更加可靠，对电容浮充电期间损耗低，温升小。该解决方案，需要重新规划变压器的安装位置和整流结构，由于输出绕组端间电压较低，长期工作条件下，可以有效避免层间绝缘局部放电问题。该解决方法将对充电结构改变比较大，其中包括变压器结构的变化和高压硅堆的结构变化，全波整流变压器外观如图7-22所示。

7.3.4 思源直流断路器带电合闸失败问题

思源直流断路器带电合闸失败问题介绍如下：

（1）问题描述。2020年5月15日20时59分39秒，D换流站负极阀厅带电调试，换流阀充电至−500kV电压后，直流站控系统执行一

图7-22 全波整流变压器外观图

键顺控操作：先合闸直流断路器两侧隔离开关，然后合闸直流断路器。负极思源直流断路器合闸过程中，断路器告警合闸失效断口超冗余（合闸时，断路器冗余断口数量为0，即不允许有合闸失败断口，断路器断口冗余只对故障时断口处于短路状态的断口适用），并同时进行自保护分闸操作，断路器合闸失败。

2020年5月16日15时46分30秒，同样系统工况下进行直流断路器一键顺控操作，直流断路器再次合闸失败。

（2）原因分析。

1）根据后台记录的波形，异常原因分析如下：

a. 机械开关收到合闸指令后，在合闸的过程中，直流断路器主支路出现峰值约2kVA、脉宽60μs的脉冲电流。

b. 在脉冲电流对应的位置，后台记录的开关位置信号发生明显的抖动，说明此时刻外部有很强的电磁干扰。

通过对后台录波分析，发现断口3被干扰后，误触发分闸晶闸管，引起断口3分闸1电容放电，使已处于合位的断口3进行了分闸操作，断口3由合位向分位运动，导致合闸失败。

2）故障仿真分析。

a. 电流脉冲来源。电流脉冲仿真波形如图7-23所示，峰值8.0kA，脉宽约10μs，偏差可能由TA采样频率（100kHz）不足引起。

直流断路器缓冲电容在该系统调试工况下，合闸前已充电至500kV，在直流断路器关合过程中，主支路导通后缓冲电容瞬时放电产生了该电流脉冲。

b. 晶闸管干扰原因。

a）平台参考电位抬升。如图7-24所示，平台电位参考点与斥力机构箱在一次回路上有约0.5m的距离。在图7-23所示脉冲电流下，两点间产生了瞬时

201

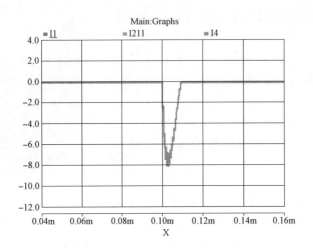

图 7 - 23　电流脉冲仿真波形

9.2kV 的电位差，试验仿真波形如图 7 - 25 所示。该电位的波动，引起了驱动柜参考地电位的波动。

图 7 - 24　平台电位与机构箱电位点

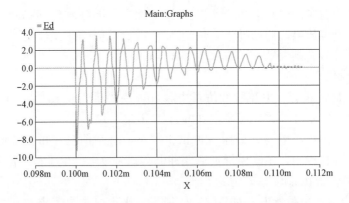

图 7 - 25　平台与机构箱间的电位差仿真波形

b）空间干扰路径。思源断路器机械开关斥力线圈和斥力盘之间的位置关系如图 7-26 所示，机构箱与斥力盘直接连接，斥力盘与斥力线圈间构成一个平板电容。斥力线圈与驱动电缆连接，斥力线圈与驱动回路的电气关系如图 7-27 所示。机构箱与平台间的电位差通过斥力线圈耦合至驱动电缆，并通过驱动电缆向驱动柜控制回路传播。仿真的晶闸管阴极与驱动柜参考地电位的电压差如图 7-28所示，该电压波动引起晶闸管误触发。

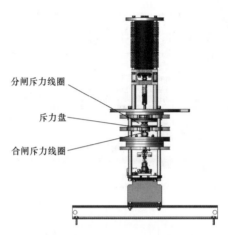

图 7-26　斥力盘与斥力线圈位置关系

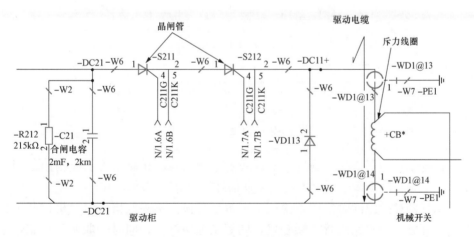

图 7-27　驱动柜电气原理图

（3）处理措施。

措施一：减小干扰源，将快速机械开关机构箱与平台用导电排连接，使机构箱电位点与平台等电位，减小二者瞬时电压差，采取该措施后仿真的晶闸管阴极与驱动柜参考地电位的电压差如图 7 - 29 所示,可以看出电压差明显减小。

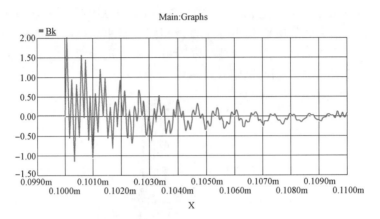

图 7 - 28 晶闸管阴极波动电压

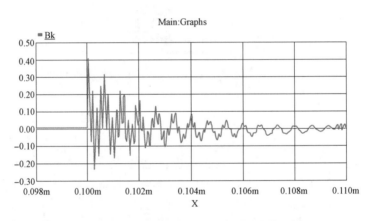

图 7 - 29 采取措施 1 后晶闸管阴极波动电压

措施二:减弱空间干扰进入驱动线的干扰信号,在晶闸管阴极与门极间增加吸收电容,降低瞬态干扰电压下驱动信号间的电压波动。

上述两种措施同时采用,验证下来效果明显:不采取措施时,机械开关合闸一合即分,分闸晶闸管被误触发;同等试验条件下,同时采取两种措施,进行了连续 20 次关合试验验证,无合闸失败情况发生。

7.3.5 思源断路器快分后启失灵问题

思源断路器快分后启失灵问题介绍如下:

(1) 问题描述。2020 年 4 月 28 日 22 时 29 分 2 秒,D 换流站 DC 负极 0522 断路器接收到快分命令后启失灵,现场装置的报告内容见表 7 - 9。

表 7 - 9　　　　　　　　现 场 装 置 报 告

时间	事件状态
4 月 28 日 22:29:02	线路保护装置快分 1 动作
4 月 28 日 22:29:02	线路保护装置快分 2 动作
4 月 28 日 22:29:02	断路器集控单元 DCBC 分闸执行
4 月 28 日 22:29:02	断路器集控单元 DCBC 分闸过程中超冗余告警
4 月 28 日 22:29:02	断路器集控单元 DCBC 快分失败启失灵
4 月 28 日 22:29:02	断路器集控单元 DCBC 合 2 回路合闸执行；随后合闸成功

（2）原因分析。直流断路器电流互感器配置如图 7 - 30 所示，其中 A1 表示线路电流，A2_1、A2_2 表示主支路电流，A3_1～A3_12 表示耗能支路电流，A4_1 表示转移支路电流。

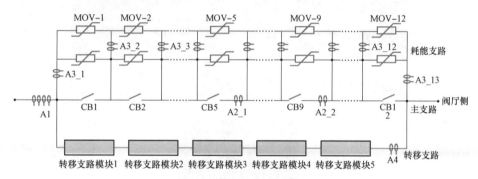

图 7 - 30　直流断路器电流互感器配置图

分闸后 2.5ms 时刻，线路电流 A1 为 533.6A，转移支路电流 A4 瞬时值为 512.1A，主支路电流 A2 - 1 为 380.0A，A2 - 2 为 472.9A，线路电流与转移支路电流基本相等。

分闸后 3ms 时刻，线路电流 A1 为 662.0A，转移支路电流 A4 瞬时值为 650.8A，主电流 A2 - 1 为 75.9，A2 - 2 为 120.7A，衰减为一个较小的值，其后时刻线路电流与转移支路电流也基本保持一致。

主支路电流开断后，线路电流与转移支路电流值基本一致，由此可以判断出断路器在分闸 3ms 内主支路实际已完成开断。

断路器集控单元 DCBC 在分闸执行命令后 3ms 内采用以下判据判别分闸是否成功：

1）分闸后规定时间内达到有效开距断口数不小于 11 个；

2）在分闸 2.5ms 时刻判断主支路电流，不大于 100A 定值（基于断路器自身保护的保守设计定值）。

205

以上两个判断条件同时满足时，则认为分闸成功，否则认为断路器分断失败。

现场接收分闸指令后 2.5ms 时刻 DCBC 装置采集到电流为 472.9A，大于现有判据定值 100A，判断为快分失败，启动失灵且经过合 2 回路重合断路器。

上塔检查发现，在机械开关侧及驱动柜侧均进行了钳电位，使电流互感器所在导体两端并联了一导电支路，如图 7-31 所示。在主支路开断后，由于电流互感器并联支路电阻较大（约 11MΩ），在振荡电流频率下，电流互感器支路电流过零时，并联支路电流并未过零，该电流在该闭合回路形成续流，导致控制逻辑判定断路器分断失败。电流互感器闭合环路仿真等效模型如图 7-32 所示，关键点电流对比见表 7-10。

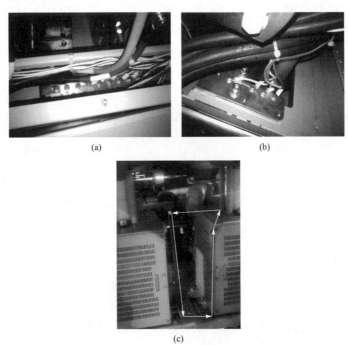

(a)   (b)

(c)

图 7-31 平台多点钳位

（a）驱动电缆屏蔽层驱动柜侧接地；（b）驱动电缆屏蔽层机械开关侧接地；

（c）电流互感器闭合回路

表 7-10   现场波形电流值与仿真值

序号	分闸命令后时刻（ms）	现场波形数据（A）	仿真波形数据（A）
1	2.5	472.9	473.0
2	3.0	120.7	134.8

第 7 章

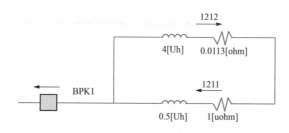

图 7 - 32   所在环路等效模型

（3）处理措施。

1）解除驱动电缆屏蔽层在快速机械开关机构箱内接地线；

2）将判定断路器分闸成功延时由 2.5ms 改为 2.8ms。

7.4   其他设备问题分析

7.4.1   光电流互感器低温异常问题

光电流互感器低温异常问题介绍如下：

（1）问题描述。2021 年 1 月 5 日 4 时 40 分，C 换流站负极 BC 线 IDL1（直流出线电流）装置测量异常告警，引起 B 套相关保护退出。至 1 月 6 日 21 时 48 分，共计发生 9 台光电流互感器频发测量异常导致相关保护退出运行的情况。其中 1 月 6 日 19 时 27 分负极 ICNB2（直流中性线阀侧避雷器电流）装置测量异常导致 C 套极保护退出，由于此前 A、B 套极保护已处于退出状态，进而导致极控发出负极闭锁命令（此时负极处于冷备用状态，实际未动作）。

至 1 月 7 日 9 时 4 分，温度回升后，9 台发出测量异常的光电流互感器全部信号复归。光电流互感器低温异常情况统计见表 7 - 11。

表 7 - 11   光电流互感器低温异常情况统计

时间	测点	事件状态	气温（℃）
2021.1.5 4:40	负极 IDL1	IDL1 输出异常；直流线路差动保护退出；直流行波保护退出；直流线路电抗器差动保护退出；直流线路纵差保护退出；直流线路电压突变量保护退出	−33
2021.1.6 14:41	负极 ICNB2	ICNB2 测量异常；上桥臂差动保护退出；换流器保护退出；极差动差动保护退出	−33
2021.1.6 14:52	正极 IDNE	IDNE 测量异常；A 套中性线差动保护退出；中性线开路保护Ⅲ段退出；极差动保护退出	−31

第7章

续表

时间	测点	事件状态	气温(℃)
2021.1.6 14:58	正极 IDNC	IDNC 测量异常；14 时 58 分，A 套正极中性线电抗器过负荷保护、中性线开关保护Ⅱ段、下桥臂差动保护、换流器差动保护、直流过电流保护退出；15 时 8 分，C 套正极中性线电抗器过负荷保护、中性线开关保护Ⅱ段、下桥臂差动保护、换流器差动保护、直流过电流保护退出	−31
2021.1.6 16:02	正极 IVC_A	16 时 2 分，IVC_A 测量异常；阀侧连接线过电流保护 A 相退出；阀侧连接线差动保护 A 相退出；桥臂电抗器差动保护 A 相退出；16 时 59 分，IVC_B 测量异常；阀侧连接线过电流保护 A 相退出；阀侧连接线差动保护 A 相退出；桥臂电抗器差动保护 A 相退出	−32
2021.1.6 16:58	正极 IVC_C	IVC_C 测量异常；阀侧连接线过电流保护 C 相退出；阀侧连接线差动保护 C 相退出；桥臂电抗器差动保护 C 相退出	−32
2021.1.6 19:27	负极 ICNB2	ICNB2 测量异常；14 时 41 分，A 套极差动保护、换流器差动保护、上桥臂差动保护退出；17 时 46 分，B 套极差动保护、换流器差动保护、上桥臂差动保护退出；19 时 27 分，C 套极差动保护、换流器差动保护、上桥臂差动保护退出	−34
2021.1.6 20:41	负极 IVC_A	IVC A 相测量异常，阀侧连接线过电流保护 A 相退出，阀侧连接线差动保护 A 相退出，桥臂单元差动保护 A 相退出	−35
2021.1.6 20:58	负极 IVR_A	IVR_A 相测量异常；阀侧启动电阻过电流保护 A 套退出；阀侧启动电阻过负荷保护 A 相退出	−36

（2）原因分析。首先对装置本体外观进行检查，未发现异常，再对报文检查及问题初步定位。

1）8 台光平均偏差异常设备。通过查看异常设备电子单元报告，识别出 8 台设备存在光二次谐波低温参数 Second Harmonic 低于 0.5V（正常值为 0.68～0.73V），光平均偏差参数 Average Deviation 大于 0.1V 的现象。其他状态参数如光源驱动电流、调制器驱动电压等在温度变化过程中均在正常范围内。通过以上参数分析，初步定位以上 8 台异常 OCT 的问题点位于传感环内。

2）1 台调制器驱动电压异常设备。以上 9 台异常设备中，有 1 台 IVC C（正极桥臂电抗器网侧 C 相电流测量装置）的参数报告如图 7-33 所示。除了存在光二次谐波参数 Second Harmonic 低温低于 0.5V，光平均偏差参数 Average Deviation 大于 0.1V 的现象外，还存在调制器驱动电压参数 Modulator Voltage 在 2.3～8.5V 之间波动的异常现象。其他状态参数如光源驱动电流等在温度变化过程中均在健康范围内。通过以上参数分析，初步定位该台异常 OCT 的问题点位于调制罐内，也不排除传感环。

```
CT Sensor 3:
        Measured Current: 0.0000 A
        Test Mode: None

        Status: OK
        Status Code: 0x10
        Status Datum: 0x00

        Firmware: 020

        LED Current: 59.3487 mA (pres) 58.5163 mA (min), 62.9492 mA (max)
        Light Source Drive: 4.5623 V (pres) 4.5111 V (min), 4.7957 V (max)
        TEC Temperature: 25.2192 °C (pres) 25.1981 °C (min), 25.2574 °C (max)
        TEC Voltage: -0.4372 V (pres) -0.5829 V (min), 0.9787 V (max)
        TEC Current: 0.0000 mA (pres) 0.0000 mA (min), 0.9194 V (max)
        Modulator Voltage: 3.7045 V (pres) 2.3907 V (min), 8.4994 V (max)
        Peak Level: 1.7188 V (pres) 1.6683 V (min), 1.8137 V (max)
        Average Deviation: 0.0166 V (pres) -0.0065 V (min), 0.2138 V (max)
        Phase Test Level: 1.8762 V (pres) 1.7512 V (min), 1.8762 V (max)
        Phase Deviation: 20.5884 °  (pres) 18.6328 °  (min), 21.5991 °  (max)
        Second Harmonic: 0.6606 V (pres) -0.0312 V (min), 0.9069 V (max)
        Fourth Harmonic: 0.2441 V (pres) -0.0012 V (min), 0.9194 V (max)
        Noise: -1.0203 mV (pres) -1.3327 mV (min), -0.4108 mV (max)
        Column/Compensator Box Temperature: -19.3516 °C (pres) -32.7500 °C (min), 5.6836 °C (max)
        Electronics Temperature: 21.4649 °C (pres) 19.9333 °C (min), 35.3341 °C (max)
        Minimum LEA Output: -11.3137 V (pres) -11.3137 V (min), -0.0007 V (max)
        Maximum LEA Output: 11.3130 V (pres) -0.0000 V (min), 11.3130 V (max)
```

图 7-33　IVC C 相电子单元报告

综上所述，温度降低会影响到传感光纤的内部应力，如有传感光纤移位，应力会更加集中，会引入额外的线性双折射率，造成磁光效果的弱化，从而造成二次谐波值的降低。

传感环内光纤初始状态为均匀松弛地放在传感环凹槽内的，通过胶带环将光纤固定在凹槽处，防止脱落。运输和安装环节可能导致光纤松弛，摆脱胶带环对光纤的束缚，溢出至两片金属传感环缝隙间。在极端低温的情况下，金属传感环收缩，缝隙变小，从而挤压到缝隙中溢出光纤，导致光纤受到应力二次谐波值降低，从而发出告警信号。

直流电流互感器调制罐层叠结构设计，多个冗余的调制模块叠放在空间极其狭小的调制罐内。起偏光纤是调制罐内对应力最为敏感的光纤（敏感程度仅次于传感光纤）。起偏光纤的固定方式要像传感光纤那样限值在一个空间内而又不能完全固定死。如果起偏光纤因长途运输颠簸或安装振动发生移位。移位到调制模块层与层之间会导极低气温时金属挤压光纤产生光损增大，测量精度偏差。

（3）处理措施。后对 OCT 进行改造：

1）传感环结构优化设计。

a. 光纤槽进行设计优化，各个冗余走各自的光纤槽，避免多个冗余光纤互相交叉纠缠。

b. 改进光纤固定方式，在原有固定方式基础上增加了 PI 管全方位固定，避免光纤位移。

c. 升级传感光纤设计，抗微弯曲性能更强。

2）调制器结构优化设计。

a. 模块化设计、层次分明、易于维护。

b. 故障维修时间短、处置方案简易。

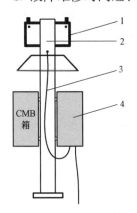

图 7 - 34 加热装置示意图

c. 内部空间大、减振设计易实施。

d. 放置于底座外侧，需进行特殊防护。

3）调制箱抗振提升措施（调制箱外部）。

a. 优化底座与调制箱之间连接，增加减震垫片。

b. 调制板一体式安装，保证多套测量模块之间一致性。

c. 框架底部增加减震垫，减少垂直方向产生的震动。

4）增加加热装置，加热装置示意如图 7 - 34 所示。

a. 1 为调制箱。

b. 2 为防水电加热片，安装于调制箱后背外侧；额定功率为 80W，内置温度为 80℃热保护开关；此外控制箱内温控器设置有高温保护开关，起到过加热后备保护。

c. 3 为与加热片连接的电源电缆和控制电缆（均为屏蔽两芯电缆，配套供），电源配置 AC 220V。

d. 4 为加热控制箱，下进出线，挂式安装。

7.4.2 西开隔离开关合闸未到位问题

西开隔离开关合闸未到位问题介绍如下：

（1）问题描述。调试期间 C 换流站西开隔离开关多次出现分合未到位的情况，如图 7 - 35 所示。

（2）原因分析。

1）闭锁装置安装调整不到位，隔离开关和接地开关在操作过程中，各自的闭锁盘转动后其 V 形槽与闭锁轴销对应位置有偏差，如图 7 - 36 所示。

2）静侧的接地开关闭锁板由于运输、现场装配过程中磕碰等原因变形，导致传动阻力变大，合闸的过程中出现闭锁卡滞，如图 7 - 37 所示。

3）由于现场安装调试阶段的误操作，在接地开关处于合闸位置时合隔离开关，导致接地开关侧的闭锁轴销在闭锁盘外圆面挤压堆积出热镀锌层小凹槽，造成闭锁盘在转动的过程中有卡滞，从而引起整体闭锁传动卡滞。

图 7 - 35　隔离开关未合到位

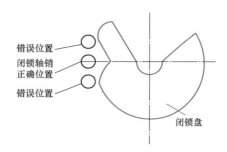

图 7 - 36　闭锁装置

错误位置
闭锁轴销
正确位置
错误位置
闭锁盘

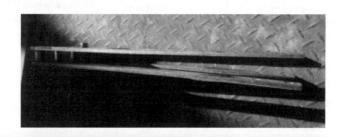

图 7 - 37　闭锁卡滞

4）静触头侧装配闭锁板的框架转动滚轮装配错误，四个滚轮安装方向不一致，造成闭锁板的导向槽不在同一平面，静触头侧闭锁板装配后不平行，长时间操作造成闭锁板变形卡滞。

5）隔离开关整体属于装配件，对现场的装配要求比较高，尤其闭锁装置，距离长，且又处于传动环节，如果闭锁板上的轴销与闭锁盘 V 形槽出现相对位置上的误差，很容易造成卡滞，因此在现场安装闭锁装置过程中要严格把关，保证闭锁板与闭锁盘之间的相对位置，保证传动灵活无卡滞。

（3）处理措施。

1）检查现场所有闭锁装置的闭锁板，对弯曲变形的闭锁板进行更换。

2）安装调试阶段由于误操作造成闭锁盘出现的小凹槽进行光整修复。

3）检查现场静触头侧闭锁框架内转动滚轮安装是否正确，若发现安装错误，立即重新装配，保证 4 个滚轮导向槽位于同一平面内。

4）对现场所有隔离开关的闭锁装置进行排查，检查闭锁板轴销与闭锁盘的对应位置是否正确，有问题的及时调整。

7.4.3　直流电压互感器断线导致保护误动问题

直流电压互感器断线导致保护误动问题介绍如下：

（1）问题描述。2020 年 6 月 1 日，C 换流站对许继直流电压互感器进行电压互感器断线故障试验时发现存在问题：拔出 UDP 测量电缆 A 套，极保护 PPRA 套低压保护动作，极控 PCPA 紧急故障退出运行，极控 PCP B 值班状态，但是 PCP B 套测量到 UDP 大于 527kV，控制类保护判孤岛站直流电压过高跳闸。跳闸报文见表 7 - 12。

表 7 - 12　　　　　　　　　　　跳　闸　报　文

时间	主机名	事件等级	报警组	事件状态
22：28：43.269	S3P2PCP1	报警	系统监视	严重故障，出现
22：28：43.270	S3P2PCP1	轻微	切换逻辑	退出备用
22：28：46.261	S3P2PCP1	紧急	极	直流低电压保护Ⅱ段，动作
22：28：53.228	S3P2PCP1	紧急	极	直流低电压保护Ⅰ段，动作
22：28：53.493	S3P2PCP1	报警	直流场测量	UDP 测量，异常
22：28：53.494	S3P2PCP1	报警	系统监视	严重故障，出现
22：28：53.494	S3P2PCP1	报警	系统监视	严重故障，出现
22：29：03.605	S3P2PCP1	紧急	换流器	保护出口闭锁换流器，出现
22：29：03.605	S3P2PCP1	紧急	顺序控制	请求联跳对站命令，发出
22：29：03.605	S3P2PCP1	紧急	换流器	保护极隔离命令，出现

（2）原因分析。C 换流站使用的直流分压器的原理如图 7 - 38 所示，直流分压器通过 3 路合并单元二次分压板并联构成分压回路，其中 $U_1 = 550kV$（额定一次值）；$U_2 = 40V$（低压臂额定输出电压）；$U_0 = 5V$（额定二次输出）。3 块分压板 A、B、C 并联。故障试验中拔出 UDP 测量电缆 A 套，3 块分压板并联变成两块分压板并联，导致分压值发生较大误差，误差高达 6.98%。导致合并单元测量计算出来的分压器一次值由 500kV 上升到 535kV，超过保护定值 527kV，PCP B 套报直流场 UDP 测量异常，10s 后换流阀闭锁。因此只要电压互感器单套断线，就回引起换流器控制类保护跳闸。

（3）处理措施。

1）二次分压板参数优化整改。直流分压器通过与 3 路合并单元二次分压板并联构成分压回路，其中 $U_1 = 550kV$（额定一次值）；$U_0 = 5V$（额定二次输出）。为了减少 1 路断开对其他路影响，对合并单元二次分压板硬件设计参数进行升级改造。直流分压器改造参数见表 7 - 13。通过改造分压板阻值，将偏差从

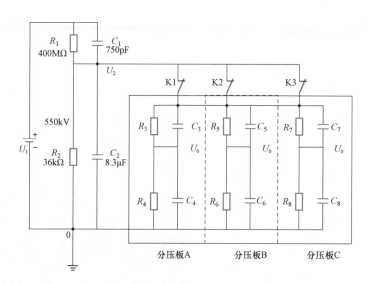

图 7-38　C 换流站使用的直流分压器的原理图

原来的 7% 降低到 3.24%。

表 7-13　　　　　　　　　直流分压器改造参数表

名称	修改技术参数	备注
高压臂	$R_1 = 400\text{M}\Omega$；$C_1 = 750\text{pF}$	不改动
低压臂	$R_2 = 36\text{k}\Omega$；$C_2 = 8.33\mu\text{F}$	不改动
RC 时间常数	0.3	不改动
分压板 A	$R_3 = 960\text{k}\Omega$，$R_4 = 120\text{k}\Omega$； $C_3 = 279\text{nF}$，$C_4 = 2232\text{nF}$	更换升级
分压板 B	$R_5 = 960\text{k}\Omega$，$R_6 = 120\text{k}\Omega$； $C_5 = 279\text{nF}$，$C_6 = 2232\text{nF}$	更换升级
分压板 C	$R_7 = 960\text{k}\Omega$，$R_8 = 120\text{k}\Omega$； $C_7 = 279\text{nF}$，$C_8 = 2232\text{nF}$	更换升级
一次变比	$U_1/U_0 = 550\text{kV}/5\text{V}$	

　　2）屏蔽电缆接线方案优化整改。直流分压器输出信号经过低压臂分压后由 3 路同轴屏蔽电缆输出到二次控制保护设备室合并单元 A、B、C 处，各路屏蔽电缆之间为并联关系。合并单元的二次分压板接线端子为 ＋、－ 和 GND 共 3 个端子，如图 7-39 所示。

第7章

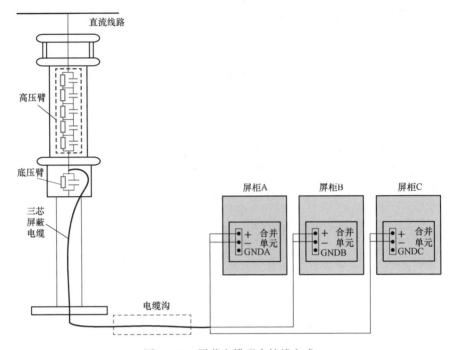

图 7 - 39　屏蔽电缆现有接线方式

为了尽可能降低二次分压板测量电缆输入端一路断线的风险，对张北柔直工程直流分压器的信号屏蔽电缆接线方案进行优化整改，包括以下 3 部分：

a. 将直流分压器输出的 3 路屏蔽电缆信号在控保室合并单元侧进行短接，即将 3 路电缆并联成 1 路。

b. 增加信号线接线板模块，实现将直流分压器模拟信号跨屏传输到合并单元 A、B、C 的二次分压板处。接线板模块安装固定于屏柜内部。

c. 将直流合并单元的二次分压板接线端子，由现在的 3 个端子（＋、－和 GND）扩充为 5 个端子（＋、－、＋、－和 GND），即模拟信号输入冗余配置，减小一路断线换流阀闭锁的风险。

针对以上改造方案，现场屏蔽电缆的接线优化整改方案如图 7 - 40 所示。

7.4.4　合 BC 金属回线造成四端柔性直流电网全停

合 BC 金属回线造成四端柔性直流电网全停介绍如下：

(1) 问题描述。2021 年 12 月 11 日，张北柔直工程进行大负荷试验时，合上 BC 金属回线后，D 换流站站接地过电流保护动作、A 换流站站接地过电流保护动作，造成四端全停，合 BC 金属回线造成四端柔直电网全停故障报文见表 7 - 14。

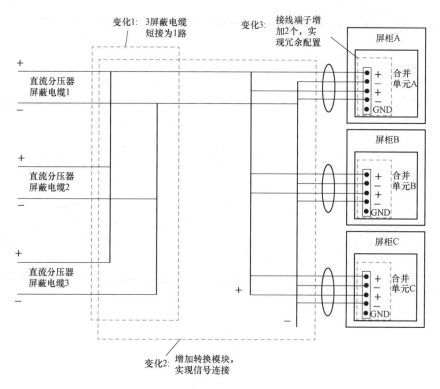

图 7-40　现场屏蔽电缆的接线优化整改方案

表 7-14　　　　　　　　合 BC 金属回线造成四端柔直电网全停故障报文

时间	主机名	事件等级	报警组	事件状态
12:47:57.342	S4P1DBP	紧急	母线保护	站接地过电流保护 A 套动作
12:47:57.342	S4P1DBP	紧急	母线保护	站接地过电流保护 C 套动作
12:47:57.343	S4P1DBP	紧急	母线保护	站接地过电流保护 B 套动作
12:47:57.343	S4P1PCP	紧急	换流器	保护出口闭锁正极换流阀
12:47:57.343	S4P1PCP	紧急	换流器	保护出口闭锁负极换流阀
12:47:57.343	S4P1PCP	报警	换流器	保护出口正极换流阀极隔离指令
12:47:57.343	S4P1PCP	报警	换流器	保护出口负极换流阀极隔离指令
12:47:57.343	S4SPC1	正常	三取二逻辑	跳换流变压器进行断路器和启动失灵命令已触发
12:47:57.343	S4SPC1	正常	三取二逻辑	跳换流变压器阀侧断路器命令已触发

（2）原因分析。站接地电流保护原理：

$$|IdGND| > IdGND\_set$$

其中 IdGND 表示接地电阻测点处的接地电流，IdGND_set 为保护定值 100A，延时 3s 动作。

直流母线保护故障录波如图 7 - 41～图 7 - 43 所示，其中 IDGND 表示流过接地电阻的电流，SGOCP_TR 表示站接地过电流保护动作信号，通过录波看出流过接地电阻的电流为 130～150A，三套保护动作结果正确。

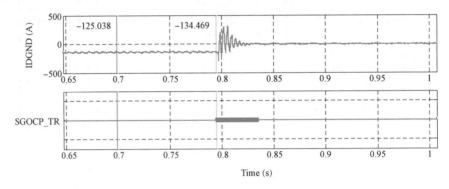

图 7 - 41　直流母线保护 A 套故障录波

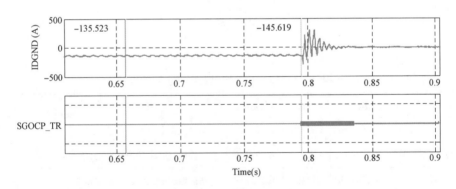

图 7 - 42　直流母线保护 B 套故障录波

故障前，D 换流站与 C 换流站双极端对端运行，D 换流站接地电阻投入运行；B 换流站与 A 换流站正极端对端运行，A 换流站接地电阻投入运行。C 换流站合 BC 金属回线 MBS，BC 金属回线处于连接状态后，3s 后 D 换流站站接地过电流保护动作、A 换流站站接地过电流保护动作。正常运行时，B 换流站—A 换流站单极运行，BA 金属回线运行电流 1394A。当 BC 金属回线投入运行后，形成"BC 金属回线—DC 金属回线—D 换流站接地电阻—大地—A 换流站接地电阻"回路，对 BA 金属回线运行电流进行分流 130A 左右，如图 7 - 44 所示，导致流过接地电阻的电流大于保护定值，引起保护动作。

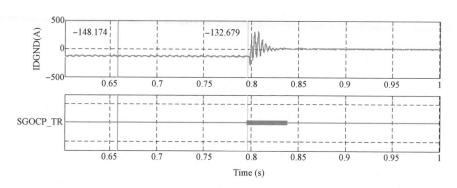

图 7-43　直流母线保护 C 套故障录波

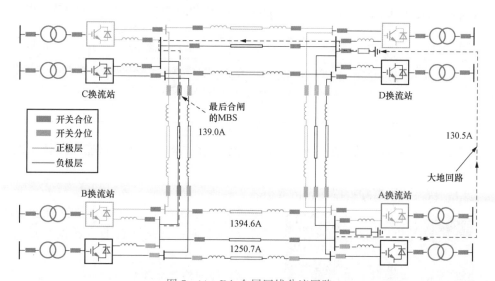

图 7-44　BA 金属回线分流回路

BC 金属回线投入运行后，四端处于合环状态，此时系统有两个接地点，按照南端控制保护逻辑，当系统出现两个接地点，延时 60min 分开 D 换流站接地点，其动作时间远大于保护动作时间，因此 D 换流站接地点未分开。

（3）解决措施。

1）需进一步优化端对端运行转四端运行时的隔离开关操作方式，避免在操作过程中导致站接地过电流保护动作。

2）优化站间顺控联锁逻辑，通过顺控联锁逻辑来避免在操作过程中导致站接地过电流保护动作。

7.4.5　B 换流站轻瓦斯跳闸问题

B 换流站轻瓦斯跳闸问题介绍如下：

（1）问题描述。2021 年 1 月 20 日下午，在 B 换流站—A 换流站正极端对端运行过程中，1 号换流变压器 A 相有载分接开关轻瓦斯动作，正极换流阀闭锁。B 换流站轻瓦斯跳闸故障报文见表 7-15。

表 7-15　　　　　　　　　　B 换流站轻瓦斯跳闸故障报文

时间	主机名	事件等级	报警组	事件状态
15:10:28.375	S2P1PCP	紧急	非电量保护	B 换流站 1 号换流变压器有载分接开关轻瓦斯动作跳闸命令出现
15:10:28.377	S2P1PCP	紧急	换流器	B 换流站正极换流阀闭锁
15:10:28.378	S2P1PCP	紧急	换流器	B 换流站正极保护极隔离命令出现
15:10:28.378	S2DCC1	报警	系统监视	正极闭锁触发耗能，66kV 耗能支路 653H、耗能支路 661H 投入
15:10:28.406	S2DCC1	报警	系统监视	BA 正极直流断路器 0512D 快分命令出现
15:10:28.467	S4P1PCP	正常	直流场断路器	直流转换开关（NBS）0010 跳开
15:10:28.745	S4P1PCP	正常	直流场断路器	正极直流母线快速开关 0510 跳开
15:10:30.253	S4SPC1	正常	站用电	站外电源切换成功

（2）原因分析。故障发生后，对 1 号换流变压器 A 相检查试验，具体情况如下：

1）换流变压器呼吸器呼吸正常；

图 7-45　检查油流轻瓦斯继电器内部

2）现场检查所示调压油位计指示正常，在线监测一体化平台油位数据与现场指示一致；

3）外观检查无渗漏油；

4）检查油流轻瓦斯继电器内部有气体，如图 7-45 所示。

追溯原因发现，换流变压器分接开关带电调试期间，多次进行分接头调档试验，导致轻瓦斯气体积累，试验结束后未及时排空轻瓦斯气体，导致轻瓦斯保护动作。

故障时，轻瓦斯保护采用二取一逻辑，即有一套轻瓦斯保护动作即出口跳闸，增大了误动的可能性。

（3）处理措施。

1）更换轻瓦斯继电器，轻瓦斯继电器由原来的两副跳闸节点变为三副，轻瓦斯跳闸逻辑由原来的二取一改为三取二。

2）分接头试验结束后，注意检查气体继电器内的气体，及时排空。

7.4.6 B换流站OCT光强下降的问题

B换流站OCT光强下降的问题介绍如下：

（1）问题描述。在运行过程中对B换流站运行的OCT的光强水平进行统计后，发现部分OCT的光强水平偏低，部分OCT采集单元光强水平出现下降现象，少数采集单元光强水平下降比较明显，从0mV下降到−400mV以下，下降速率偏快，见表7-16。

张北柔直工程采用的PINFET的无光输出电压典型值是−12V，OCT现场调试时调节驱动电流，使PINFET输出电压为0V，此时采集单元显示光强水平为0V左右，采集单元的光强水平正常工作范围：−0.7～0.7V，系统设置的告警门槛是−0.7V。当光强水平下降至−0.4V时，OCT还能正常工作，但光强裕度减小；当光强水平下降到−0.7V时，采集单元会发出光路异常的告警并将输出数据置无效。

表7-16   B换流站采集模块光强水平变化趋势

位置	光强区间（mV）	名称	总量
BA直流正极线0512D采集单元	−300～−400	BSCA1-3号避雷器电流TA1	3
		BSCB1-主支路电流TA	
		BSCB1-4号避雷器电流TA1	
BA直流正极线0512D采集单元	−200～−300	BSCA1-4号避雷器电流TA1	6
		BSCA2-7号避雷器电流TA1	
		BSCA2-8号避雷器电流TA1	
		BSCB1-5号避雷器电流TA2	
		BSCB2-6号避雷器电流TA1	
		BSCB2-8号避雷器电流TA2	
BA直流负极线0522D采集单元	−300～−400	BSCA1-主支路电流TA	5
		BSCA1-2号避雷器电流TA1	
		BSCB1-总支路电流TA	
		BSCB1-3号避雷器电流TA1	
		BSCB2-6号避雷器电流TA2	
	−200～−300	BSCA2-总支路电流TA	3
		BSCB2-8号避雷器电流TA2	
		BSCB1-主支路电流TA	

第7章

续表

位置	光强区间（mV）	名称	总量
BC 直流正极线 0511D 采集单元	−300～−400	BSCA1 - 主支路电流 TA	6
		BSCA1 - 1 号避雷器电流 TA1	
		BSCA1 - 总支路电流 TA	
		BSCA1 - 6 号避雷器电流 TA1	
		BSCB1 - 主支路电流 TA	
		BSCB2 - 7 号避雷器电流 TA2	
	−200～−300	BSCA1 - 总支路电流 TA	10
		BSCA1 - 3 号避雷器电流 TA1	
		BSCA1 - 3 号避雷器电流 TA2	
		BSCA1 - 5 号避雷器电流 TA1	
		BSCA1 - 7 号避雷器电流 TA2	
		BSCA1 - 8 号避雷器电流 TA1	
		BSCA1 - 8 号避雷器电流 TA2	
		BSCB1 - 1 号避雷器电流 TA1	
		BSCB1 - 3 号避雷器电流 TA2	
		BSCB1 - 4 号避雷器电流 TA1	
BC 直流负极线 0521D 采集单元	−300～−400	BSCA1 - 总支路电流 TA	4
		BSCA1 - 8 号避雷器电流 TA1	
		BSCB1 - 6 号避雷器电流 TA1	
		BSCB1 - 9 号避雷器电流 TA1	
	−200～−300	BSCA1 - 主支路电流 TA	6
		BSCA1 - 总支路电流 TA	
		BSCA1 - 4 号避雷器电流 TA1	
		BSCA1 - 5 号避雷器电流 TA1	
		BSCA1 - 1 号避雷器电流 TA1	
		BSCB1 - 3 号避雷器电流 TA1	
负极 PMU 合并单元	−300～−400	P2. VH. T1. A 负极换流阀上桥臂侧电流 A 相	5
	−200～−300	P2. VH. T1. C 负极换流阀上桥臂电流 C 相	
负极 BC 线合并单元	−300～−400	P2. L1. T1 BC 负极线路电流	
负极 BA 线合并单元	−300～−400	P2. L2. T1 BA 负极线路电流	
正极 PMU 合并单元	−200～−300	P1. VH. T2. C 正极换流阀下桥臂电流 C 相	

（2）原因分析。B换流站OCT系统光路如图7-46所示，OCT的光接收组件 PINFET 输入光强水平变化取决于光源的输出光功率变化及光路系统（包括耦合器、起偏器、调制器及光纤延时线）的插入损耗变化。通过分析发现，此次 OCT 光强水平下降是由于发光芯片效率降低，导致 OCT 光路系统返回 PINFET 处的光功率下降，因而 PINFET 输出电信号下降，采集单元的光强水平也随之下降。

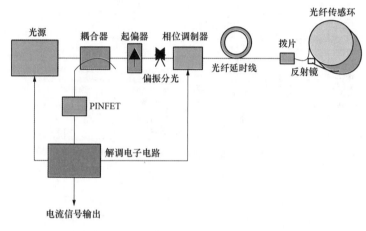

图 7-46　B换流站 OCT 系统光路图

（3）处理措施。张北工程运行的OCT，其驱动电流设定在 50～80mA 之间，尚有较大的调节裕度，对于发射光功率衰减较大的光源，通过调高其驱动电流，增大发送光功率的措施可以提高 OCT 的运行寿命。即当 PINFET 接收光功率下降导致其输出电压降到−0.4V 以下，采集单元会自动调节光源驱动电流，使光源输出功率增加，从而 PINFET 接收光功率上升，系统光强水平会随之上升，通过光源输出功率自动调节，OCT 的光强水平会再次回到 0 附近。

附录　D换流站一次系统图

D换流站一次系统如附图1所示。

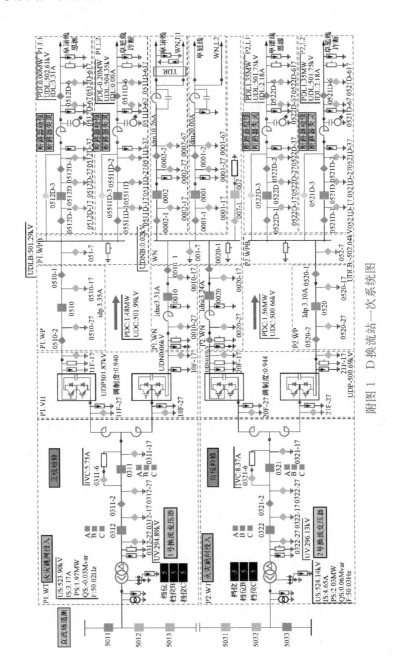

附图1　D换流站一次系统图

参 考 文 献

[1] 徐政. 柔性直流输电系统. 2版[M]. 北京：机械工业出版社，2017.

[2] 汤广福. 基于电压源换流器的高压直流输电技术[M]. 北京：中国电力出版社，2014.

[3] 国网福建省电力有限公司电力科学研究院. 柔性直流输电系统调试技术[M]. 北京：中国电力出版社，2017.

[4] 周杨，贺之渊，庞辉，等. 双极柔性直流输电系统站内接地故障保护策略[J]. 中国电机工程学报，2015，35（16）：4062 - 4069.

[5] 郭贤珊，周杨，梅念，等. 张北柔直电网的构建与特性分析[J]. 电网技术，2018，42（11）：3698 - 3707.

[6] 郭贤珊，李探，李高望，等. 张北柔性直流电网换流阀故障穿越策略与保护定值优化[J]. 电力系统自动化，2018，42（24）：196 - 202.

[7] 梅念，周杨，李探，等. 张北柔性直流电网盈余功率问题的耗能方法[J]. 电网技术，2020，44（5）：1991 - 1999.

[8] 郭铭群，乐波，李探，等. 柔性直流电网换流器子模块续流过电压机理分析及抑制策略[J]. 高电压技术，2021，47（9）：3264 - 3272.

[9] 裴翔羽，汤广福，庞辉，等. 柔性直流电网线路保护与直流断路器优化协调配合策略研究[J]. 中国电机工程学报，2018，38（增刊）：11 - 18.

[10] 刘天琪，舒稷，王顺. 基于混合式直流断路器的柔性直流电网快速重合闸策略[J]. 高电压技术，2020，46（8）：2635 - 2642.

[11] 刘晨阳，王青龙，柴卫强，等. 应用于张北四端柔直工程±535kV混合式直流断路器样机研制及试验研究[J]. 高电压技术，2020，46（10）：3638 - 3646.

[12] 汤广福，王高勇，贺之渊，等. 张北500kV直流电网关键技术与设备研究[J]. 高电压技术，2018，44（7）：2097 - 2106.

[13] 袁志昌，郭佩乾，刘国伟，等. 新能源经柔性直流接入电网的控制与保护综述[J]. 高电压技术，2020，46（5）：1460 - 1475.

[14] LI W, ZHU M, CHAO P, et al. Enhanced FRT and postfault recovery control for MMC - HVDC connected offshore wind farms[J]. IEEE Transactions on Power Systems, 2020, 35（2）：1606 - 1617.

[15] 张福轩，郭贤珊，汪楠楠，等. 接入新能源孤岛系统的双极柔性直流系统盈余功率耗散策略[J]. 电力系统自动化，2020，44（5）：154 - 160.

[16] 赵翠宇，齐磊，陈宁，等. ±500kV张北柔性直流电网单极接地故障健全极母线过电压产生机理[J]. 电网技术，2019，43（2）：530 - 536.

[17] 王炳辉，郝婧，黄天啸，等. ±500kV柔直电网与新能源和常规发电机组的协调控制研究[J]. 全球能源互联网，2018，1（4）：471 - 477.

[18] 李钢，田杰，董云龙，等. 基于模块化多电平的真双极柔性直流控制保护系统开发及验

证 [J] . 供用电，2017，34（8）：8-16.

[19] 李英彪，卜广全，王姗姗，等 . 张北柔直电网工程直流线路短路过程中直流过电压分析 [J] . 中国电机工程学报，2017，37（12）：3391-3399.

[20] HAN X，SIMA W，YANG M，et al. Transient characteristics under ground and short - circuit faults in a ±500 kV MMC - based HVDC system with hybrid DC circuit breakers [J]. IEEE Transactions on Power Delivery，2018，33（3）：1378-1387.

[21] 尹聪琦，谢小荣，刘辉，等 . 柔性直流输电系统振荡现象分析与控制方法综述 [J] . 电网技术，2018，42（4）：1117-1123.

[22] ZOU CHANGYUE，RAO HONG，XU SHUKAI，et al. Analysis of resonance between a VSC - HVDC converter and the AC grid [J] . IEEE Transactions on Power Electronics，2018，33（12）：10157-10168.

[23] 郭贤珊，刘泽洪，李云丰，等 . 柔性直流输电系统高频振荡特性分析及抑制策略研究 [J] . 中国电机工程学报，2020，40（1）：19-29.

[24] LYU JING，CAI XU，AMIN MOHAMMAD，et al. Sub - synchronous oscillation mechanism and its suppression in MMC - Based HVDC connected wind farms [J] . IET Generation Transmission & Distribution. 2018. 12（4）：1021-1102.

[25] 尹聪琦，谢小荣，刘辉，等 . 柔性直流输电系统振荡现象分析与控制方法综述 [J] . 电网技术，2018，42（4）：1117-1123.

[26] 杨诗琦，刘开培，秦亮，等 . MMC - HVDC 高频振荡问题研究进展 [J] . 高电压技术，2018，47（10）：3485-3496.

[27] 郭贤珊，刘斌，梅红明，等 . 渝鄂直流背靠背联网工程交直流系统谐振分析与抑制 [J]. 电力系统自动化，2020，44（20）：157-164.

[28] SAAD H，FILLION Y，DESCHANVRES S，et al. On resonances and harmonics in HVDC - MMC station connected to AC Grid [J] . IEEE Transactions on Power Delivery，2017，32（3）：1565-1573.

[29] 郭春义，彭意，徐李清，等 . 考虑延时影响的 MMC - HVDC 系统高频振荡机理分析 [J]. 电力系统自动化，2020，44（22）：119-126.

[30] LÜ J，ZHANG X，CAI X，et al. Harmonic state - space basedsmall - signal impedance modeling of a modular multilevel converter with consideration of internal harmonic dynamics [J] . IEEE Transactions on Power Electronics，2019，34（3）：2134-2148.

[31] 朱蜀，刘开培，李彧野，等 . 基于动态相量及传递函数矩阵的模块化多电平换流器交直流侧阻抗建模方法 [J] . 中国电机工程学报，2020，40（15）：4791-4804.

[32] 李光辉，王伟胜，郭剑波，等 . 风电场经 MMC - HVDC 送出系统宽频带振荡机理与分析方法 [J] . 中国电机工程学报，2019，39（18）：5281-5297.

[33] 李光辉，王伟胜，刘纯，等 . 直驱风电场接入弱电网宽频带振荡机理与抑制方法（一）：宽频带阻抗特性与振荡机理分析 [J] . 中国电机工程学报，2019，39（22）：6547-6561.

[34] 蔡巍，赵媛，胡应宏，等 . 张北柔性直流电网交流耗能装置运行特性仿真 [J] . 电力电容器与无功补偿，2021，42（2）：0065-0071.

[35] 李湃，王伟胜，刘纯，等．张北柔性直流电网工程新能源与抽蓄电站配置方案运行经济性评估［J］．中国电机工程学报，2018，38（24）：7206-7214.

[36] 李斌，戴冬康，何佳伟，等．真双极直流输电系统的故障性质识别方法［J］．中国电机工程学报，2018，38（13）：3727-3734.

[37] 杜晓磊，蔡巍，张静岚，等．柔直电网孤岛运行方式下换流阀闭锁时交流耗能装置投切仿真研究［J］．全球能源互联网，2019，2（2）：179-185.

[38] 郭铭群，梅念，李探，等．±500kV张北柔性直流电网工程系统设计［J］．电网技术，2021，45（10）：4194-4204.

[39] 刘泽洪，郭贤珊．含新能源接入的双极柔性直流电网运行特性研究与工程实践［J］．电网技术，2020，44（9）：3595-3603.

[40] 彭发喜，汪震，邓银秋，等．混合式直流断路器在柔性直流电网中应用初探［J］．电网技术，2017，41（7）：2092-2098.

[41] 王潇，刘辉，邓晓洋，等．双馈风电场经柔性直流并网系统的宽频带振荡机理分析与风险评估［J］．全球能源互联网，2020，3（3）：238-247.

[42] 杨岳峰，王晓晗，王玮，等．柔性直流换流阀监视系统关键技术及工程化应用［J］．中国电力，2021，54（4）：168-174.

[43] 胡兆庆，董云龙，王佳成，等．高压柔性直流电网多端控制系统架构和控制策略［J］．全球能源互联网，2018，1（4）：461-470.

[44] 李剑波，刘黎，苗晓君，等．舟山多端柔直换流站起停顺序分析研究及改进［J］．电气技术，2015，（8）：88-91，94.

[45] 姜崇学，卢宇，汪楠楠，等．柔性直流电网中行波保护分析及配合策略研究［J］．供用电，2017，34（03）：51-56.

[46] 何佳伟．柔性直流电网继电保护关键技术研究［D］．天津大学，2017.

[47] 韩亮，白小会，陈波，等．张北±500kV柔性直流电网换流站控制保护系统设计［J］．电力建设，2017，38（03）：42-47.

[48] 胡秋玲，范彩云，韩坤，等．混合式高压直流断路器空间电场分布［J］．高电压技术，2018，44（02）：424-431.

[49] 封磊，苟锐锋，杨晓平，等．基于串联晶闸管强迫过零关断技术的混合式高压直流断路器［J］．高电压技术，2018，44（2）：388-394.

[50] 吕玮，王文杰，方太勋，等．混合式高压直流断路器试验技术［J］．高电压技术，2018，44（05）：1685-1691.

[51] 陈名，徐敏，黎小林，等．高压直流断路器开断试验方法综述［J］．高压电器，2018，54（7）：37-43.

225